# しずおか 天気の不思議

天野 充



静新新書
013

# はじめに

　気象庁を定年退官後、日本気象協会静岡支部（現静岡営業所）に勤務し、一九八八年（昭和六十三）四月から十一年間、静岡新聞朝夕刊の天気概況欄で図描画や気象解説を担当しました。そのお天気コラムの中からいくつかを集めて、二〇〇五年（平成十七）、静岡新聞社から「自然のふしぎ―静岡気象歳時記」を出版したところ、図らずも第六回静岡県自費出版大賞奨励賞を受賞しました。今回、気象や海洋など六項目に分類し、構成を新たに「しずおか天気の不思議」として新書版で発刊することになりました。

　大空に浮かぶ雲は生き物のように美しく変化し、思わず目を見張ることもあります。雲には夢やロマンがあり、多くの詩歌に詠まれています。北原白秋の詩「雲の歌」は十類の雲形について詠んでいます。その一節に、巻層雲（うす雲）を、「一刷毛　二刷毛まだ寒い　すうと幕引くレエス雲　日暈《ひがさ》　月暈《つきがさ》湿らせて　春先の雲　氷雲」、また積雲（わた雲）は、「むくりむくりと湧く峰は　雲のヒマラヤ　銀のへり　お経もらいか天竺へ　犬猿　坊さま　豆の馬」と詠んでいます。

　かつては地上から眺め、レーダーで構造や領域を推定した雲も、現在は人工衛星で上空から観測できるようになりました。しかし、天気の世界には瞬時に変化する不思議が満ち溢れ、大空や地上、さらに海にもドラマが展開しています。

家庭の気象台では、パソコンやテレビはもとより携帯電話などにより、気象情報がいつでも入手できるようになりました。これは昔の測候所よりはるかに多くの情報です。これらの資料を活用するに当たって本書がお役に立てれば幸いです。

なお、気象とは「大気現象」を縮めた言葉で、気象業務法にも明示されています。つまり大気の情報や大気中に起こるすべての現象を気象というのですから、気象現象という表現は重ね言葉になりますので、本書では使用しません。また二十四節気を二十四気の表現にしました。二十四節気の表現が使われるようになったのは明治以後ですが、発祥の地である中国はもとより、日本でも昔は二十四気の用語が使われていました。

本文各項目末尾のカッコ内は新聞掲載年月日。mは朝刊、eは夕刊を表しています。

二〇〇七年（平成十九）四月　　天野　充

# 目次

## 2　二十四気……51

3　生活暦……67

4 空と海……91

## 6 動植物

# 1　気象と災害

## 【1月】

### ●石狩湾低気圧

静岡新聞夕刊に一九九三年(平成五)から連載の「食の歳時記」に石狩鍋があった。石狩鍋は、北海道を発祥の地とする季節の鍋料理として広く知られているが、職業上からか、私たちは石狩と聞くとすぐ低気圧を思い出してしまう。冬型気圧配置のときや、冬型がゆるんだときに北海道の西岸に小さな低気圧が発生するのが気象衛星で見られる。小粒な低気圧だが暴風や大雪を伴うことがあるので注意が必要、名付けて石狩湾低気圧という。

〈1993.1.12m〉

### ●静岡大火Ⅰ

十五日は成人の日、小正月であるが、一九四〇年(昭和十五)の一月十五日は静岡大火のあった日である。冬型の気圧配置で西風が連吹し、湿度二三％の乾燥した天気で出火したため五千百二十一戸を焼失した。平均風速が毎秒九メートルの強風による飛び火は、火元から五〇ないし三〇〇メートル離れたところに六十三カ所もあった。飛び火の最大距離は六五〇メートルにも達し、紺屋町では破壊消防も行われたと祖父から聞いた。火災統計によると、大火の飛び火は湿度との関連は小さく、降雨時でも強風のときには大火になりやすい。

〈1989.1.14e〉

## ●静岡大火Ⅱ

昭和初期の消防設備は蒸気ポンプやガソリンポンプが主体であった。蒸気ポンプとは石炭燃料による蒸気エンジンでポンプを動かすため、煙突からモクモクと黒煙を上げ、その写真も残っている。一九四〇年（昭和十五）一月十五日、折からの強風と乾天下で静岡市内の民家の煙突の火の粉が隣の馬小屋に飛び火した。火災前線（ファイヤー・フロント）は時速四〇〇メートルで各所に飛び火し、大火災になってしまった。

〈1999.1.5m〉

## ●しおくずばんば

「しおくずばんば」ってなんずらー？　そりゃー「けあらし」のミニ版さ。じゃー「けあらし」ってなんのことずら。「けあらし」というのは、北海道の根釧原野で、氷点下一五度まで冷え込んだ大気が、釧路港一帯に流れ込んで出来る霧をいう。まだレーダーもなかったころ観測船で遭遇した濃霧は、それこそ一寸先も見えないという表現そのもので、英語ではシースモークともスチームフォッグともいっている。「しおくずばんば」は狩野川河口付近での冬の風物詩である。

〈1998.1.16m〉

## ●寒気団の道

日本付近に南下する寒気団のコースには、ヤクーツク系、タイミル系、北欧系などがあり、この中でヤクーツク系が猛烈な寒波を従えた冬将軍である。きょうは大寒、平滑平均をした日最低気温の出現日は各地ともこのころに記録している。一九六九年（昭和四十四）以降から二十年間の静岡の日最低気温の出現日を算術平均すると、一月二十八日になる。静岡の日最低気温の極値は氷点下六・八度で一九六〇年（昭和三十五）一月二十五日に観測した。

〈1990.1.20m〉

## ●ジェット気流

日本付近の上空およそ一万メートルを西から東へとウネりながら猛スピードで流れる大気のチューブのような流れがある。ジェット気流といわれるこの流れは、幅数百キロ、長さ数千キロだが厚さはわずか数キロしかない。ジェット気流の速さは、一月の平均値（二十年間）が、潮岬上空で毎秒七四メートル、時速に換算すると二四四キロという噴流で、このジェット気流の北側に当たる日本海側で大雪が降りやすい。この気流を利用する航空機は、スピードアップと燃料節約。

〈1990.1.23m〉

## ●湿気寒い

大陸の高気圧は日本海側の各地に雪を運び、太平洋側では空っ風で身を切るような寒さ。その寒さにも「湿気寒い」「底冷え」「風冷え」などがある。日本の最低気温の記録（気象官署）は、一九〇二年（明治三十五）一月二十五日に、旭川で氷点下四一度を観測している。このとき、旧陸軍の青森歩兵第五連隊は山岳縦断の「雪の進軍」訓練を試み、八甲田山麓で遭難した。二百十一人中、生存者はわずかに十二人、青森測候所の日平均気温は氷点下一一度。

〈1999.1.25m〉

## ●黒ぢょか日和

今朝、静岡市内には雪雲が流れ、平年より十日遅い初雪を観測した。南の海上には風雲の土手が並び、冬型の気圧配置が強まったことを物語り、日本周辺の海は大時化《しけ》の状態。鹿児島県南部では、西風が強く吹いて時化模様の天候を「黒ぢょか日和」と呼んでいる。「黒ぢょか」とは、黒千代香ともいう黒薩摩焼きの急須のことである。海が荒れているため出漁できず、「黒ぢょか」に焼酎を入れ、燗をつけて飲む骨休めの日和が「黒ぢょか日和」だというわけ。

〈1993.1.28e〉

【2月】

●南極上空十五日間

昭和基地から放球した大型観測気球が、南極の沿岸上空を反時計回りに飛行し、一月九日に再び基地上空に戻った。距離約三万キロを十五日間で一周したが、時速に換算すると八三キロ。一月の南極は夏、常に太陽の輝く昼であり、オゾンが大量の紫外線を吸収して暖まった高気圧が生まれる。この高気圧から吹き出す風に乗り、直径四〇メートルのポーラー・パトロール・バルーン（ＰＰＢ）が、南極上空を周回したのであった。

〈1991.2.9m〉

●古気候の調査

気象庁では一九八五年（昭和六十）前後に、古気候に関する研究の一環として、数百年以上にわたる気候の年輪を刻む大木や古木の切り株、古文書、遺跡などの存在を調査したことがあった。静岡県内四十二の自治体や団体に依頼した調査票の回収率は六九・〇％とやや低率。樹齢千五百年以上の「びゃくしん」の巨木をはじめとして多くの貴重な資料のある県内では巨樹や森の環境保護のため「県巨樹の会」の設立総会が本年四月二十四日に開かれる。

〈1991.2.11m〉

## ●本日は晴天なり

一九二五年（大正十四）二月、東京の中央気象台（現在の気象庁）の構内に建てられた高さ六〇メートルの無線塔から電波が発射された。真空管式の送信機による出力一・二キロワットの電波は、夜間には遠くオーストラリアやアメリカ西岸にまで到達したという。そのテスト用語が「本日は晴天なり」で、東京放送局（現在のＮＨＫ）の仮放送開始（大正十四年三月二十二日）の一カ月も前であった。つまり日本におけるラジオ放送は気象台から始まったのである。

〈1996.2.14m〉

## ●ボーエンの仮説

ある特定の日に出現しやすい天気があり、これを特異日と名付けている。オーストラリアの電波物理学者ボーエンによると、一月十三日、一月二十二日、二月一日（北半球では冬、南半球では夏）が降水量の多い特異日であるという。この現象はオーストラリア・アメリカ・日本をはじめ、世界七カ国の三百カ所の観測所で観測されている。流星塵が氷晶核となって雨を降らせるという「ボーエンの仮説」が発表になったのは一九五〇年代である。

〈1991.2.15m〉

## ●天気図第1号

一八八三年（明治十六）二月十六日は、日本で気象電報の送受信が開始され、全国の重要港湾に設置された二十二の測候所の観測結果を気象電報で集信し、天気図第一号が作成された日である。中央気象台のドイツ人技師クニッピングが等圧線を描画し、これを岡村・北村両画伯が描いて天気図を完成させたが、二月は試行期間で、正式な天気図の発行は同年三月一日からであった。当時は気圧の単位がミリメートルで、天気図は五ミリ間隔で等圧線を描画していた。

〈1993.2.16e〉

## ●コーヒーの霧

北極圏で生まれた寒気はシベリア大陸でスクスク育つ。その寒さはどのくらいだろうか。寒極ともいわれるベルホヤンスク（北緯六七・五度、標高一三七メートル）では、年平均気温が氷点下一五・八度、一月の月平均気温は氷点下四六・三度の物凄さである。このような猛烈な寒さの大気中にコーヒーを撒くと、シューという音と共にコーヒーは瞬間的に褐色の霧に変わってしまったという報告があった。南極ボストーク基地で観測した気温は氷点下八九・二度だ。

〈1994.2.17m〉

●季節風指数

沿海州の上空にでんと居座った寒気団が、日本付近をその勢力下に収め、強い冬型の気圧配置となっている。日本付近の冬型の気圧配置の強さを現すのに「季節風指数」がある。シベリア大陸の高気圧の勢力と、北太平洋低気圧の盛衰を気圧差から求めたものである。季節風指数には六年から七年の周期があり、三八豪雪（昭和三十八年の豪雪）、五六豪雪（昭和五十六年の豪雪）などは、この指数の極大期に相当している。

〈1993.2.23e〉

●定点気象観測船

昭和二十年代の中央気象台（現在の気象庁）の定点気象観測船は、旧日本海軍の乙型鵜来《うくる》丸《まる》級海防艦（軍艦トン数九七〇トン、商船トン数五五〇トン）を転用した冷暖房皆無の船である。終戦近くに作られた海防艦は粗悪な材質で、強風と波浪にほんろうされるとぎしぎしと悲鳴をあげていた。武装を解いて身軽になった細長い船（七十七メートル）は、ピッチング（縦揺れ）で船首を海中へ突っ込むと同時に船尾を空中に揚げてぶるぶる振り、スクリューは空転してガラガラ唸った。

〈1994.2.26m〉

【3月】

●変ホ短調

近年に余り例のない短周期変化での曇雨天や、温暖に推移した二月は、変ホ短調ともいえるのであろうか。一九七五年（昭和五十）以後、静岡で春雷を最も早く観測したのは一九八八年（昭和六十三）二月五日である。また、大陸からの春の使者である黄砂の最も早い出現は、一九八〇年（昭和五十五）二月九日である。世界的な気象変動がテレビ・ラジオ・新聞などで報道されているが、春の使者が太鼓を鳴らしたり、洗濯物を染めるのは今年はいつになるだろうか。

〈1990.3.1e〉

●夢の架け橋

「朝虹は日荒れ、夕虹は百石日和」「ごぼう虹は風か雨」など虹についてのことわざは非常に多い。アイルランドの「虹の端に行けば金の壺が見つかるだろう」は、日本で「虹の終わるところに金山がある」となる。夢想家や一攫千金を狙う人を「虹を追う人」ともいうが、ショパンの幻想即興曲をポピュラー化した「虹を追って」は、作詞ジョセフ・マッカーシー、作曲ハリー・キャロルによるポピュラーソングで甘く美しいムード音楽である。

〈1999.3.2m〉

●ネービー・ブリッジ

旧日本海軍の乙型海防艦である鵜来・新南・生名・竹生・志賀などを転用した定点気象観測が、戦後まもなく開始された。冬季の三陸沖（北緯三五度、東経一五三度）は、連日、毎秒一四〜一五メートルの強風と三〜四メートルの高波である。片舷四五度も傾くローリング（横揺れ）に、船内で唯一可能な娯楽はコントラクト・ブリッジとほぼ同じのネービー・ブリッジである。サマセット・モームがコントラクト・ブリッジは「人類の英知が生み出した最も知的なゲーム」といっている。

〈1993.3.10m〉

●水蒸気の交換

地球の表面にはいろいろな形で水が存在しているが、大気中の水（水蒸気や雲など）はその〇・〇〇一％であり、水滴となって降るのが雨である。地球大気の水蒸気量は約十三兆トンで、地球全体に降る降水量は年間五百二十兆トンだから、地球上の水蒸気量は降水量の四十分の一に当たる。これは年間およそ四十回の水蒸気の交換が行われていることになる。つまり、大気中の水蒸気の交換は九日に一回行われると勘定が合うことになる。

〈1991.3.11e〉

### ●晴雨計

「気圧が下がると天気が悪くなる」ということを、ドイツのゲーリケが一六六〇年十二月六日に発見した。このことから気圧計はかつて晴雨計といわれ、気象台でも気圧計の部屋を晴雨計室と呼んでいたこともあった。「奥様は低気圧」というと「ご機嫌斜め」の意味になるが、晴れた日の日中、陸地が暖められて上昇気流が発達すると、熱的低気圧（ヒートロー）が発生する。この低気圧では天気が崩れず晴れていることが多い。〈1998.3.14m〉

## 【4月】

### ●両肩の空気

気圧が高い・低い。だれかさんは低気圧などというが、地球を取り巻く大気は、一気圧が一〇一三・二五ヘクトパスカルで、一平方センチ当たり一キロの重さである。人間の両肩の面積は、およそ三百平方センチであるから、われわれの双肩は三百キロの空気を支えているわけである。空気の重さで潰されないのは、四方八方から一律に一平方センチ当たり一キロの重さが加わっているからである。気圧の単位パスカルはフランスの物理学者・哲学者のパスカルから取った。〈1990.4.14e〉

## ●GWはゴールデン・ウィークか

テレビや新聞それに街の中でG・Wの文字を目にすることが多い。ところが気象庁の天気図にもGWだけでなく、SWとかTWの文字を見かけることがある。ゴールデン・ウィークやシルバー・ウィークの天気を示しているのではなく、GWはゲール・ワーニング（Gale Warning）で強風警報、SWはストーム・ワーニング（Storm Warning）で暴風警報、TWは台風警報である。飛行機や船舶へ注意・警戒のシグナルとなっている。

〈1996.4.21m〉

## ●荒れ模様

外国のことわざに「四月の天気は雨と光が共に降る」とあるが、先日（四月二十四日）の夕方、県下では日差しと雨が共に降り、東の空に美しい七色のアーチが輝いた。ところでみなさんが「お天気ですね」という挨拶は、「晴天」の意味で使用している。しかし天気は空模様のことで、気象観測法では天気を百種類に分類している。英語のウェザー（weather）を辞書で引くと、天気・天候のほかに暴風・荒れ模様があった。ウェザーの語原は荒れ模様である。

〈1993.4.28m〉

【5月】

●凧の気象観測

凧による気象観測の歴史は、一七四九年（寛延二）スコットランドで高さ一〇〇〇メートルまでの気温観測で始まっている。日本では一九〇九年（明治四十二）十二月一日に、気象台の職員が海軍の駆逐艦に乗り組み、横須賀沖で高度七〇〇メートルまでの日本最初の海上（船上）高層気象観測を行った。地上からの観測は茨城県の館野高層気象台で、一九二二年（大正十一）から一九三〇年（昭和五）にかけて、高さ三〇〇〇メートルまでの気圧・気温・湿度の観測を凧により実施した。

〈1998.5.5m〉

●乾きの条件

梅雨入りの平年日は沖縄が五月十一日、東海地方は六月九日（一九九〇年までの三十年平均値、二〇〇〇年までの平均では沖縄が五月八日、東海地方は六月八日となった）。洗濯物の乾きが気になる季節となる。洗濯物が乾く条件には、太陽光線、風の強さ、高い気温、空気の乾燥が必要。水分の蒸発は、そのときの空気にあとどれだけ水蒸気が入ることが出来るかで異なる。同じ湿度でも気温の高い方が大気の水蒸気要求度が大きく、洗濯物はよく乾く。

〈1989.5.11m〉

## ●ノットでマイル

お茶の間の気象台の新聞天気図やテレビ天気図の解説には、風速は毎秒何メートルと秒速を使用しているが、気象庁の国際式気象電報や国際式天気図などは、風速をノット（節）で表現している。ノットは一時間当たり一海里（マイル）進む速さの単位であり、一海里は子午線の緯度一分に対する海上の平均の長さで一八五二メートルであると、一九二九年（昭和四）の国際水路会議で統一された。緯度一度が六〇海里であり、航空機や船舶にとってノットの方が便利である。

〈1989.5.13e〉

## ●フロント

沖縄や奄美大島などはすでに梅雨入りし、時折前線活動が活発になっている。前線は性質の異なる気団の争いの場であり、気象学で前線をフロント（Front）と表現し始めたのは、一九一九年（大正八）ごろからである。フロントの意味は、ホテルのフロントのほか、戦線や前線など軍隊に関連したものがある。梅雨前線のことを英語でバイウ・フロントといい、フランス語ではフロント・ド・バイウという。ちなみに前線のことを中国では鋒面《フォンミエン》と呼んでいる。

〈1991.5.20m〉

●気象神社

六月一日は気象庁創立百二十三周年に当たる気象記念日である。気象庁はかつては研究官庁的な存在であったが、時代の変遷と共に業務は大地の鼓動、大気の躍動、大洋の脈動の監視、防災など多岐にわたっている。さて、いろいろの神社があるが、気象神社のあることをご存じの方は？　旧日本陸軍気象部にあった神社を、一九四八年（昭和二十三）に東京高円寺の氷川神社境内に遷宮し、気象神社の高札を建てて以来、毎年気象祭が六月一日に行われる。

〈1998.5.28m〉

【6月】

●晴雨硝子

気圧計がヨーロッパで発明されたのは十七世紀前半で、日本の江戸時代初期に当たる。一八〇一年（享和元）に和泉の国（大阪南部）の岩橋善兵衛喜孝が製作した気圧計は、天気計器（ウェールガラス）といわれた。このほか天気計、詮気管《せんきかん》あるいは験気管や晴雨硝子《せいうがらす》などいろいろな名前を付けられた晴雨計は、一九五〇年（昭和二十五）の気象観測法改正に伴い、気圧計に改められた。きょうは気象庁の前身、東京気象台が誕生して百十八周年の気象記念日。

〈1993.6.1m〉

## ●朝焼け・夕焼け

明け方や夕方に大気を通過してくる太陽光線は、短い波長の青系統の光が散乱し、赤系統の光だけが直進してくるので地平線に近い空を赤く染める。これが朝焼けであり、また夕焼けである。水蒸気の少ない寒帯気団に覆われたときの夕焼けは、青みを帯びて金色に輝くのを見た人も多いと思われる。一方、水蒸気の多い熱帯気団に支配されているときの朝焼け・夕焼けは赤色が濃くなる。朝焼け・夕焼けの色は、大気の性状を示す自然のシグナルだ。

〈1990.6.2e〉

## ●天気図のはなし

天気図はドイツのブランデスが一八一六年（日本では文化十三）に、初めて描いたものであるといわれている。各国で天気図を最初に描画した年は、フランスが一八六三年（文久三）で薩英戦争が勃発した年、アメリカは一八七一年（明治四）、インドは一八七八年（明治十一）で、これから毎日天気図が作られるようになった。日本は世界で十五番目、一八八三年（明治十六）二月十六日から毎日天気図を作成するようになった。

〈1988.6.4m〉

## ●マンボー

マンボーといっても魚の翻車魚《まんぼう》ではなく、霧のことである。霧の方言を調べると、神奈川から愛知にかけてはナゴ、八丈島でクリ、佐渡や隠岐でマンボー、京都ではホケなどともいう。暖かく湿った空気が流れ込む今ごろは、海霧が発生しやすい。海霧は移流霧のことが多く、ガスといわれるが、俳句ではジリといって夏の季語になっている。霧の名所である根室では年間霧日数百十三日（六～八月に六十二日）、釧路では年間百十二日（六～八月に五十三日）である。

〈1995.6.4m〉

## ●JST

ＪＳＴとはなんのこと。今夜の天気解説をゆっくりご覧ください。天文学的グリニッジ平均時が、一九二五年（大正十四）から正子《しょうね》に測るように改められ、さらに一九七六年（昭和五十一）の国際天文学連合の決議もあって、グリニッジ平均時（ＧＭＴ）から世界時（ＵＴ）の名称の使用が行われた。気象庁では業務に世界協定時（ＵＴＣ）、日本標準時（ＪＳＴ）のほか、ＧＭＴも併用して船舶や航空機の便を図っている。その船舶には船上生活のシップタイムもある。

〈1992.6.9e〉

## ●十度波

梅雨前線上にはおよそ一〇〇〇キロごとに低気圧が現れることが多い。経度にすると一〇度ごとの気圧の谷であることから、十度波とも呼ばれ、その接近・通過で天気が崩れるのも今ごろの特徴である。街では英名ローズ・ベイ、つまり「バラの月桂樹」ともいわれるキョウチクトウの花が咲いている。漢名の夾竹桃は、葉が竹に似ていて、花は桃に似たからという説もあり、スペインでは、キョウチクトウを聖ヨセフの花というが、日本では半年紅の名がある。

〈1995.6.16m〉

### ●山潮

一休みしていた梅雨前線の活動が活発になり、これから梅雨末期にかけて集中豪雨に見舞われ、山間部では鉄砲水となることがある。昔は川の水をせき止めて木材を浮かべ、堰《せき》を切って木材を一気に流した。この堰を「鉄砲堰」とか「鉄砲だし」といったが、鉄砲水は山津波の引き金にもなってしまう。山津波は山潮ともいわれたが、マスコミにより土石流と表現されてから、学術用語として定着している。一九五三年（昭和二十八）は山津波の多かった年である。

〈1989.6.17m〉

### ●国際標準時

世界中の気象台や測候所では、毎日定められた時刻に同時に気象観測を実施している。国際的な標準時はイギリスのグリニッジを通る子午線〇度を基準とし、Greenwich Mean Time の頭文字からＧＭＴで表し、通常Ｚ（Zulu）タイムあるいはズルタイムという。日本標準時は Japan Standard Time からＪＳＴであるが、気象・航空・船舶関係者は I time（アイ・タイム）といっている。この由来については次の機会に説明する予定

〈1990.6.22m〉

## ●ZタイムとIタイム

グリニッジ標準時をZタイム、日本標準時をIタイムというのはなぜだろうか。グリニッジ子午線を基準とし、一五度ごとの子午線を中心にしてプラス・マイナス七・五度ごとをタイムゾーンとする地方標準時は、東経一五度のAで始まり、東経一三五度がI、一五〇度は「J」を飛ばしてKになり、東経一八〇度がMになる。西経は一五度Nで始まり、一八〇度のYで終わり、グリニッジをZとしている。英和辞典に二五までの数のとき「J」は省略できるとあった。

〈1990.6.28m〉

## ●ハワイ高気圧

南海上の高気圧が日本付近を覆って記録的な暑さが続き、熱気泡（テルミック）の通過ごとに気温が上昇した。真夏の太平洋高気圧は広く北太平洋を覆うことから、外国ではハワイ高気圧と名付けているし、日本では小笠原高気圧とも呼んでいる。英和辞典で Bonin islands（ボウニン・アイランド）を見ると、小笠原諸島と記してある。江戸幕府が小笠原諸島を「無人島」だとアメリカに説明していたということから、無人島がボウニン島になった

らしい。

〈1991.6.28m〉

【7月】

●ユミハリドン

英語で「晴れ」のことをfair（フェアー）、「雨」をrainy（レイニー）という。雨降りの日はrainy day（レイニー・デー）となるわけだが、これには別の意味もある。レイニー・デーは「万一の時」とか「まさかの時」のこともいう。虹は太陽の光が水滴のため反射屈折してできるもので、太陽高度が低いときに現れる。虹は雨で弓形の光彩ができることからrain bow（レイン・ボウ）であり、中国語では彩虹《ツァイホン》、ドイツ語でレーゲンボーゲンという。虹の方言にユミハリドン（鹿児島）がある。

〈1994.7.8m〉

●赤い灯・青い灯

明日は土用の入りであり、海の記念日である。一八七六年（明治九）七月二十日、明治天皇が函館から海路横浜に到着されたことを記念し、一九四一年（昭和十六）に制定された。陸上では人は右、車は左の対向通行であるが、海上では右側通行が原則である。夜間航行の船舶は、右舷の緑灯（通称青灯）、左舷の紅灯（通称赤灯）、それにマストの白灯で識別できる。気象庁の観測船は熱帯海域でエル・ニーニョやラ・ニーニャについての調査航海を続けてい

る。〈1990.7.19e〉

## ●焼玉観測船

七月二十日の海の記念日にちなみ、観測船の話を紹介しよう。一九三八年（昭和十三）六月、六〇馬力の焼玉エンジンを付けた五七トンの木造帆船が、伊豆の下田ドックで進水した。中央気象台（現在の気象庁）の観測船朝汐丸で、一九六〇年（昭和三十五）六月の引退まで気象観測や海洋観測および離島への物資補給に活躍した。相模湾で親潮系の毛かく類プランクトンの発見や、原子力平和利用のための海洋基礎調査を、日本で最初に実施したのも本船であった。〈1992.7.20e〉

## ●サイクルホールI

「揚子江（長江）流域の野原に大きなサイクルホール、北のタスカロラ海床《かいしょう》（千島海溝のタスカロラ海淵《かいえん》）の上に逆サイクルホールがあり、両方がぶつかり合うと梅雨になるんだ」。これは童話「風野又三郎（風のではないことに注意）」で、宮沢賢治が低気圧をサイクルホール、高気圧は逆サイクルホールと名付け、当時の気象学から見た梅雨の成因を、風野又三郎によって描写したもので、一九二四年（大正十三）のことである。［風の又三郎は一九三一年（昭和六）執筆］〈1995.7.25m〉

●太った霧とやせた霧

冷たい海面上に暖かく湿った気流が流れ込み、海霧の発生しやすい気象状況が続いている。霧粒の直径は、普通数ミクロンから三〇ミクロン（一ミクロンは一ミリの千分の一）であるが、たっぷり水蒸気を含んだ空気中には、直径が普通の十倍に当たる二〇〇ミクロンもある湿った肥満体の霧もある。一方、砂漠などに発生する霧は、周辺が乾燥し日中は気温も上がるため、霧粒の表面から水分が蒸発してやせ細り乾いた霧になってしまう。

〈1992.7.31m〉

【8月】

●稲作と稲妻

「土用の稲妻千石光り」ということわざがある。夏の土用のころ稲妻があると、米千石の増収になるという。夏に熱雷があるということは、猛暑・晴天でイネの生長も十分な夏型の天候である。「日照りに不作なし」といわれるが、そろそろ一雨欲しいところへ、雷雨による適度な降雨が豊作を呼ぶのであろう。空中放電による空気中の窒素固定が、イネに窒素肥料を補給する効果となるというがどうであろうか。

〈1988.8.4e〉

●三つの温度

私たちが日常生活で使用しているセルシウス温度（C）は、一七四二年（寛保二）にスウェーデンの天文学者セルシウスにより提案されたもので、中国語で「摂爾修」と書くことから摂氏と呼ばれている。またアメリカなどで使用されている華氏（F）は、提案者ファーレンハイトの中国表記「華倫海」によるものである。一方、気象学や科学関係で使用するケルビン温度（K、絶対温度）は、二七三・一五Kがセルシウス温度の〇度と定められている。

〈1989.8.5m〉

## ●円虹・白虹

一雨降ったあとの天空に弧を描く虹は、やはりこれからの季節の風物詩である。「朝虹は雨、夕虹は晴れ」ともいわれている。太陽を背にして、低い高度で虹が現れるからである。高い山とか飛行機などからは、円虹《まるにじ》を見ることができる。色付きの悪い白虹《しろにじ》は霧か霧雨のときに現れ、「白虹張れば百日干天」と各地でいわれている。空気中に浮いている水滴が細かいと、これに当たって屈折した光の色が重なって白く見える。水蒸気が少なく乾燥しているときに出る。

〈1988.8.6m〉

## ●サンダー

雷のことを中国語では雷、英語でサンダー、ドイツ語ではドナー、フランス語ではトネールという。「鋭い雷は荒天をもたらし、ごろごろという雷が悪天をもたらす」ということわざがアラビアにある。静岡県には「北鳴りゃ平気で、西鳴りゃ怖い」のことわざがある。県内の雷の移動をレーダーで追跡したところ、西から東へ移動するものが最も多く五二％、次に南から北上してくるものが三五％だという調査がある。やはり西で発雷すると注意が必要だ。

〈1998.8.17m〉

## ●御番所日記

天明年間は、不順な天候に伴う飢饉《ききん》が続いた。この時代の年中行事や天候などを詳細に記録したものの一つに、日光東照宮の「御番所日記」がある。この日記は一六八五年（貞享二）から一八六八年（慶応四）までの百八十四年間にわたる貴重な記録である。東京管区気象台の図書資料に、御番所日記の復刻本があった。日記から当時の天候を調べたところ、六～八月の雨日数は一七八三年（天明三）が四十九日、一七八六年（天明六）年は四十八日と多かった。

〈1993.8.19m〉

## ●バックドア・コールドフロント

北アメリカのボストンやニューヨークなど東海岸では、真夏に冷たい高気圧が勢力を強め、北東風を送り込むことがある。自然のエアコンで涼しくなるが、南の気団との間に前線が発生して天気がぐずつく。この前線をバックドア・コールドフロントと名付けているが、直訳すれば裏口寒冷前線ということになる。天気は通常西から変わるので、西を表、東を裏にたとえたもので、日本でも夏にオホーツク海高気圧が強まり、土用潰れの天候になることもある。

〈1992.8.21m〉

## ●火山の噴火

イタリアのナポリ湾の近くにあるベスビオ火山が大噴火して、山麓にあったポンペイの街には二日二晩、火山灰や火山弾が降り注いだ。町は地上から消滅し、二千人もの人が生き埋めになったのは紀元七九年八月二十四日である。映画化された「ポンペイ最後の日」が、一九三〇年（昭和五）三月下旬に清水市の映画館であるオペラ館でも上映されたことを、当時の青年団機関誌である「青潮」第二巻第二号が報じている。

〈1989.8.25m〉

## ●夏のストーブ

中国のストーブといわれる南京や武漢などは、日中の気温が四〇度を超えることも多く、夜になっても気温が下がらず熱帯夜が続く。南宋の詩人、揚万里は「夏夜追涼」の詩の中で「夜熱依然として午熱に同じ、門を開いて小立す月明の中…」と、夜になっても熱気は真昼と変わらず、月明かりの中に涼を求めてたたずむ情景を詠んでいる。小立とはしばらくの間たったままでいることをいう。今年の夏、日本は各地にストーブがあるように熱さが続いて

いる。〈1995.8.26m〉

●気圧の単位

気圧は一平方センチの面に働く圧力の大きさで測り、水銀を七六センチの高さまで押し上げる力（気圧）を一気圧という。気圧の単位はミリメートル、現在はミリバールを使用している。世界気象機関（ＷＭＯ）は、一九八四年（昭和五十九）七月一日から気圧の単位としてヘクトパスカル（hPa）の使用を決めた。ミリバールはＣＧＳ単位系（センチ・グラム・秒）であるが、国際単位系ＳＩ（メートル・キログラム・秒）のパスカルに統一し、ミリバールとの換算の必要がないヘクトパスカルを使用するというもの。〈1990.8.27m〉

●海鳴りの塔

腕時計や掛時計それに家庭用品にまで気圧計（昭和初期には晴雨計といった）が組み込まれる時代。では、大昔の晴雨計はというと、茨城県の鹿島神宮にある海鳴りの塔がその一例である。境内にある高さ一・五メートルの石塔は、見たところ何の変哲もないようであるが、頭部のくぼみに耳を当て、海鳴りの聞こえる方向で天気を判断することができるという。音が北から聞こえた場合は晴れ、南の方向だと雨になるという伝承だ。波音の方向から現象を推定した。〈1993.8.27m〉

●一七七

電話番号一七七の気象情報のルーツは、一九五三年（昭和二十八）四月、当時の中央気象台（現在の気象庁）天気相談所で、殺人的な天気照会の対応策として、オープンリールのテープレコーダーの利用を試みたのが最初である。一九五四年（昭和二十九）九月一日からは東京二二局六六六六の二十五回線、二十日後にはダイヤル二二二となった。静岡県内の情報は一日五回、県内四地区の計二十回、異常気象時には情報発表の都度、気象協会職員が録音している。

〈1990.8.27e〉

【9月】

●天災は忘れたころ来る

寺田寅彦の名言とされている「天災は忘れたころ来る」は、愛弟子の中谷宇吉郎博士によると出典が不明であるという。しかし「天災と国防」の中に、「悪い年廻りは寧ろ何時かは廻ってくるのが自然の鉄則である…」の文章があるという。七十年前［一九二三年（大正十二）］の九月一日、能登半島沖の台風の影響で朝から蒸し暑い東京。正午前の大地震により発生した火災旋風で、気象台の温度計は気温が四六度の物凄い暑さを観測している。

〈1993.9.1m〉

## ●関東大震災

一九五九年（昭和三十四）九月二十六日の伊勢湾台風で大被害が発生し、これを契機に防災に対する心構えとして、関東大震災のあった九月一日を防災の日とすることが定められた。一九二三年（大正十二）九月一日は、地震後五分くらいで熱海沿岸に津波が押し寄せ、海面は平常より六メートル以上も高くなった。古老の話によると、余震を恐れ安倍郡清水町の人たちは、巴川の「伝馬船」に避難して夜を明かしたというが、津波の伝搬を考えると怖いことである。

〈1988.9.1e〉

## ●異常気象

この夏は異常気象だったなどということを見たり聞いたりするが、異常気象とはどういうことなのか。世界気象機関（ＷＭＯ）によると、「①大雨や崖崩れのように短期間で大きな災害をもたらす大気現象、②異常な高温や低温のように一カ月以上にわたり平年値から著しく偏った天候、③平年値からの偏りがわずかでも何カ月も続いて災害が発生するような天候」と定義している。一時的に気象が大きく変化し平年値から離れても異常気象とはいわない。

〈1988.9.6m〉

## ●地球は球形

本日の未明、ヒマワリ四号が打ち上げられた。世界気象ネットワークとして静止気象衛星五個と、二系統の極軌道衛星が、地球を取り巻く大気や海洋の動向を観測している。アリストテレスは、地球が球形であると科学的に推論したし、ポルトガルのマゼランは、一五一九年にスペインから西回りの航海に出発し、三年間をかけて世界一周を達成して地球が球形であることを実証した。一五二二年（日本では足利時代）九月六日、スペインのサンルカル港に帰港した。

〈1989.9.6e〉

## ●稲妻を食べる

静岡の雷日数の平年値は、八月が四・八日、九月は二・一日であるが、このところ雷雨となる日が多いようだ。落雷のときの雲の中と、地面の電位差は二億ボルト、エネルギーは数千キロワット／時にもなる物凄さである。放電の通り道となる空気は、三万度に達する高温になるため、膨張振動する音が雷鳴である。シュークリームのバリエーションであるエクレアは、フランス語で稲妻のことをいう。恋人と食べると熱い恋の稲妻が走るかもしれない。

〈1990.9.9m〉

## ●六太夫の晴雨計

大空に浮かぶ雲の形や刻々と変わっていく状態、自然界の現象をじっくり観察して、その後の天候を推察することを観天望気という。昔、越後（新潟県）に六太夫という観天望気の名人がいた。名人は弥彦山に懸かる雲の状態から天候を予想し、よく当てた。江戸屋敷の殿様に呼ばれ、弥彦山の代わりに富士山の雲から天候を予想したが外れてしまったという。観天望気にはどこでも通用するものと、その土地限りのものとがあり、これを六太夫の晴雨計という。

〈1990.9.11e〉

## ●定点と気象士

四国南方およそ四五〇キロの北緯二九度、東経一三五度の海上で、台風監視を第一目的とした定点観測が、一九四八年（昭和二十三）九月十七日から始まった。旧海軍の老朽海防艦を利用したもので、台風の大波でマストが折れたり、ボートが流されたり、船体に亀裂が入ったりしたこともあった。私の船員手帳には、中央気象台定点観測事務室、汽船鵜来丸（五五〇トン）、気象士給料五千四百四十四円、手当千六百三十三円と記入されていた。

〈1991.9.20m〉

## ●観測所は世界でいくつ

世界に気象観測所がいくつあるのだろうか。一九八九年（平成元）五月現在、世界気象機関（WMO）のリスト（略称ボリュームA）には、九千五百四十六地点となっている。気象観測報告を気象電報で国際間に交換できる地上気象・高層気象・航空気象・気象レーダーなどのすべての観測所が登録されている。しかし、千三百十三カ所ある日本のアメダス観測所は掲載されていない。つまり、国際地点番号の付いていない観測所はリストに載っていない。

〈1990.9.26e〉

## ●都市の気象

都市化が進みコンクリートジャングルとなった都会からは、熱気が吹き出すように排出されている。その熱気は上昇する熱気泡（テルミック、サーマルなどという）となり、鳥はこれを捕らえて旋回し、グライダーは静かに空に浮かんでいる。しかし、ヒートアイランドとなった東京などでは、高速道路上空に環八雲や環七雲が発生したり、局地的な前線もできてしまう。都市化は気象への影響が大きく、大雨・大雪・雷雨などの激しい大気現象を呼びやすい。

〈1992.9.30m〉

## 【10月】

### ●古代の雨量観測

古代朝鮮の李王朝時代（一四四〇年代）に、現在と同じような雨量の観測が行われていた。ソウルの雨量観測の記録は、今からおよそ二百二十年前の一七七〇年から残されている貴重な資料である。一八三二年（日本では天保三年）の七月の降水量は実に一四二六ミリに達した。ソウルの近年における七月の平年降水量は三二八ミリ、年間降水量は一三四三ミリであるから、一年分の雨がドカッと降ったことになる。日本でも天候不順でいわゆる天保の大飢饉のころだ。

〈1992.10.12e〉

### ●砂漠の露水量

露がたくさん降りて時雨《しぐれ》が降ったようになることを露時雨という。露にはその表情により名が付けられ、滴るような状態の露を滴露、繁く降りる露は湛露ともいわれる。繁く降りる露の量は、日本では一年間に一〇～二〇ミリだが、全国の一年間の露を集めると、ドラム缶で百九十億本というから驚く量である。アメリカのカリフォルニアには、「豆は露で育つ」という例えがあるほどだ。

〈1996.10.18m〉

●霧のいろいろ

梅雨時などに海上や海岸地方に発生する霧は移流霧が多く、団塊状になって移動し、前線付近などでは蒸気霧も発生して濃霧になる。秋になると空が澄んでいるので、風の弱い日には夜は地面からの放射が強く、気温が下がるため内陸では放射霧が発生する。川や湖それにダムの周辺では、今の季節からは朝夕を中心に発生するのが蒸気霧、次第に濃くなる山々の紅葉が見え隠れし、さらに青い湖と道路も色彩を添える状景は何ともいえない。

〈1988.10.22m〉

●カルマン渦

この秋二度目の寒気が沿海州へ南下中である。今夜から明日にかけては北日本の上空に達し、次第に冬型の気圧配置が強まる。静岡新聞やテレビの「ひまわり」の雲写真にも、日本海には寒気の吹き出しに伴う雲の列が現れるだろう。冬型がやや弱まりを見せるころ、済州島やウルップ島の島影にできる雲の渦がカルマン渦であるが、身近なところで川の中の棒杭や橋桁の下流に流れる渦は、上から眺めることのできるカルマン渦である。

〈1988.10.28e〉

●ドノラ事件

秋は霧の季節で俳句の季語にもなっている。白い霧が辺りを包む風情は趣もあるが、色がついてしかも黒くなるとどうもいただけない。ところでドノラ事件といって、一九四八年(昭和二十三)十月二十六日から三十日にかけ、アメリカのピッツバーク南西の町ドノラは、猛烈なスモッグに包まれた。日差しの戻った三十一日に、町の人口の半分に当たる六千人が倒れたという。東京も戦後のスモッグは猛烈で、朝、気象台に着いたときは顔中真っ黒で息苦しかった。

〈1992.10.31m〉

【11月】

## ●特異日

十一月三日の文化の日は晴れの特異日だといわれている。百年間の統計による晴天率は、東京六六%、大阪六八%であるが、一九六七年(昭和四十二)から一九八七年(昭和六十二)における昼間の晴天率を調べると、札幌・網代・御前崎が五七%、仙台・東京・三島・石廊崎が六二%、静岡・名古屋六七%、浜松・大阪・福岡が七一%である。一方、日本海側の新潟・金沢では晴天率の五二%に対し、雨や雪の日が三八%とやや高率で冬型の傾向を示している。

〈1989.11.3m〉

## ●白い息

ときおり強く吹く季節風で鳴っていた虎落笛《もがりぶえ》も、枝を落として冬支度をした街路樹では音色も変わったようだ。早朝ジョギングの人たちの吐く白い息が、朝日に輝いているが、吐く息が白くなるときの気温は大体一五度以下である。暖かい息が冷たい空気と混ざり、息の中の水蒸気が凝結して湯気になるからで、空気の温度差が大きくないと出ず、川や湖の上に出る蒸気霧は、水温と気温の差が一五度以上のときに発生する。

〈1988.11.14e〉

## ●白青の空

一九八二年（昭和五十七）三月から四月にかけてメキシコのエルチチョン火山の噴火、さらに一九八三年（昭和五十八）八月のクラカトア火山の噴火後、世界各地で異常な大気現象が頻発した。秋になっても澄んだ紺碧の空は現れず、白っぽい色をした春の白青の空と同じような状況であった。澄んだ青空のない秋は、朝焼けや夕焼けも紫紅色から橙赤色に変化する異常な表情である。このところの鮮烈な薄明現象もピナトゥボ火山の噴火などによるものだろう。

〈1991.11.15m〉

## ●ねんねんさいさい

劉廷芝の詩に「年々歳々花相似たり」があるが、宮城県の子守歌にも『ねんねんさいさい』というのがある。『ねんねんさいさい　酒屋の子…西が曇れば雨となる　東が曇れば風となる　寝ろでばや　寝ろでばや』と子をあやす。観天望気（空の状態を観察して気象状況を推察すること）を歌っているが、わらべ歌や子守歌には自然の状況・推移を歌ったものが多く「ただ一面に立ちこめる」の「牧場の朝」は昭和七年の文部省唱歌で、朝霧の表情を歌っている。

〈1993.11.16m〉

## ●サイクルホールⅡ

「どっどどどうど、どどうど、どどう」は、風野又三郎［一九二四年（大正十三）執筆］の九月の一日の序文であり、風の又三郎［一九三一年（昭和六）執筆］では「どっどど、どどうど、どどうど　どどう」となっている。その風野又三郎の九月四日の稿にはカマイタチから竜巻、さらに台風など低気圧性の風の流れをサイクルホール遊びとして、子供たちに話している。冬にはシベリアの逆サイクルホール（高気圧）遊びなど地質・地理学者としての宮沢賢治が見える。

〈1992.11.17e〉

## ●裏西日和

晩秋から初冬にかけての穏やかな日は、旧暦十月の異称から小春日和、穏やかな海は小春凪といい、鹿児島県では「十月の裸日和《はだかびより》は藁すぼで繋げ」という。裸になりたいような穏やかな日は、船は藁で繋げるベタ凪ぎであるということ。穏やかな日和が一転して、アイの風（北風）が吹き出すことがある。秋から初冬に見られるこの現象を、北海道の檜山地方ではまるだろう。

裏西日和《うらにしびより》という。風が凪いだら西になるというのは一般的な伝承であるが、すべてに当ては

〈1993.11.27m〉

【12月】

## ●012

「オー・イチ・ニ」とはなんだろう。「0120」ではなく、気象観測の項目の一つである。気象庁では現象の強度を0・1・2の弱・並・強三段階に分類して細かく状態を記録している。時代と共に観測機器や観測手法が進歩しているが、雨・雪・雷電・雷鳴のほか、多種の現象を定性的な手法で観察し、測器による定量的な観測を補佐している。この手軽な手法はいつでも・どこでも現象の種類を問わず実施でき、過去の現象との対比も可能である。

〈1998.12.1m〉

## ●気象報道管制

一九四一年十二月八日午後の海外向けラジオニュースの終わりに、「今日はここで天気予報を申し上げます。西の風　晴れ」とアナウンサーは締めくくった。「日米開戦のため、重要書類は焼き捨てろ」という在外公館向けの暗号放送であった。十二月八日午前八時からは気象報道管制が実施され、新聞やラジオなどの天気予報の発表は禁止された。平和な現在は、

家庭のお茶の間でも次々と新しい気象資料を入手できる時代である。

〈1989.12.7e〉

## ●生物季節観測

現在気象庁で実施している動物や植物の季節観測は、生物季節観測指針（第三版・昭和六十年一月）に基づいている。その指針の初版には、動植物季節のほかに、夏や冬の服装、蚊帳《かや》、水泳、火鉢、こたつ、手袋などの初終日の生活季節観測が含まれていた。だが、経済の発展と共に生活面で無季節化が進んだ一九六四年（昭和三十九）以降、観測項目から除かれてしまったのは残念である。地球の温暖化・街の都市化などによる変化の指標にもなったのだが。

〈1992.12.18m〉

# 2　二十四気

## 【1月】

### ●小寒Ⅰ

きょうは暦の上で小寒、寒明けの前日までのおよそ三十日間が寒の内で寒さも本番。寒稽古で朝早くから心身の鍛練に努める人や、寒行僧が町を歩く姿などが見られる。地球は太陽の周りを楕円軌道で回り、太陽に最も近づく一月二日の近日点は、七月六日ころの遠日点よりも太陽から受ける熱量は七％も多い。太陽に近いのに北半球で冬寒くなるのは、地軸が地球の公転軌道に対し二三度二七分傾いているためである。

〈1989.1.5m〉

### ●小寒Ⅱ

冬至から十五日目のきょうは小寒、寒の入りである。挨拶も年賀から寒中見舞いに変わり、節分までのおよそ三十日間が寒の内。「小寒の氷、大寒に溶く」という伝承は、寒さの厳しいはずの大寒のころが暖かくて氷が溶けることもあるという。これから転じて、「物事はすべて順序通りにはならない」との意味。大寒《おおさむ》小寒《こさむ》山から小僧が泣いてきた…の童歌は「おお

さむ こさむ」で、宝暦・明和の江戸時代から歌われてきた。

〈1997.1.5m〉

### ●冬将軍

二十日は大寒、これから立春にかけての間が寒さの最も厳しいころである。寒波を送り出してくるシベリア高気圧を冬将軍と表現することがある。高気圧の中心気圧が一〇四〇ヘクトパスカル台を少将、五〇台が中将、六〇台は大将とすると、今冬の冬将軍は一〇五六ヘクトパスカルが最高で、大将クラスの出現はない。ちなみに、一九六八年（昭和四十三）十二月三十一日、中央シベリアのアガタで一〇八三・八ヘクトパスカルの元帥が観測されている。

〈1993.1.19m〉

## 【2月】

### ●雪のことわざ

昨日、静岡県内の山間部や東部で春の雪が降った。「立春の翌日に雪が降ると四十八日雪が降る」のことわざは、大陸からの寒気の強いことを物語っている。クロアチアでは「遅い雪は白い肥料」、イタリアでは「雨のあとは飢え、雪のあとは糧」といっている。また、雪に関する外国のなぞなぞに、「生地で織ったのではなく、天上からやってきた土の毛布」（ハンガリー）、「私は敷布を持って世界を覆い尽くすが水は覆えない」（ハンガリー）などもある。

## ●雨粒の形

きょうは氷や雪も融けて大地もゆるみ、空からのたよりの六花も雨になるという二十四気（二十四節気）の雨水である。落ちてくる雨粒は、漫画や絵本では涙形、学習図鑑でさえもビリケン電球形となっているのもある。一九五一年（昭和二十六）、北海道大学の孫野長治教授は、高さ一二メートルの人工雨滴実験棟で、雨粒は「饅頭形」や「鏡餅形」になるという写真撮影に成功している。風洞実験では雨粒の直径が一・三五ミリ以下では丸い形のまま落下する。

〈1991.2.19m〉

## ●雨水

月の満ち欠けで月日を数えた太陰暦は、日付がそのまま月の形を表し便利な点はあったが、季節と日付が一月もずれることがある。このため、太陰暦の上に太陽暦を重ね、一年を二十四の気に分けて目印にしたのが太陰太陽暦である。きょうから三月五日までが二十四気の雨水。降る雪や氷も溶けて雨に変わるという意味であるが、一気をさらに三等分して七十二候とした。江戸時代には多くの二十四気七十二候が作られた。

〈1998.2.19m〉

【3月】

●啓蟄

きょうから三月十九日までが二十四気の啓蟄。「蟄中《ちっちゅう》戸を開く、衆蟄悉《しゅうちつことごと》く蠢《うごめ》く」といって、虫たちも春を感じて動き出すというわけ。蠢《しゅん》は虫の旧字であり、春の訪れで文字通り虫たちが蠢くことをいっている。蠢動（虫などが蠢くこと、転じて取るに足らぬものが策動すること）、蠢蠢（虫の蠢くさま、動き乱れるさま、礼儀の無いさま、無知で鈍いさま）の表現もある。生物季節のカナヘビの初見平年日は、浜松で三月二十六日である。

〈1993.3.5m〉

【4月】

●清明

春の気もようやく野に満ちて、空も山もすがすがしいころとなった。太陽が南半球から北半球へと顔を出し、黄経一五度に達するのが四月五日十時十三分で、四月五日から十九日までの十五日間が二十四気の清明の季節である。二十四気の生まれたのは中国、その華中や華北では「清明断雪」といって、清明になるともう雪は降らないといわれているが、中国東北区では「清明断雪、不断雪」、港南では「清明時節雨紛々」と中国は広大である。

〈1990.4.3e〉

●穀雨Ⅰ

四月二十日は二十四気の穀雨《こくう》である。春雨が百穀を潤し、野山の新緑が青空に映えるころになった。古代中国の秦《しん》（紀元前二四六～二〇七年）のころ、黄河中流域を対象に作られた二十四気であることから、河南省の鄭洲の月平均降水量の変化を調べてみた。近年の三十年間平均では三月は二七ミリであるのに、四月は五四ミリに倍増して言葉の意味も頷ける。これに対して静岡は三月が一九〇ミリ、四月は二六〇ミリと鄭洲の五～六倍も多く、恵まれている。

〈1990.4.20m〉

●穀雨Ⅱ

きょうは春雨が降って百穀を潤すといわれる二十四気の穀雨。シトシトと降る春雨。煙るような霧雨を宮城県ではサクズアメ、福島県はキリシアメ、群馬県でガヤガヤ、神奈川県や長野県でキリブリ、また長野県ではキリノションベンと穿ったネーミング、静岡県ではサワケといっている。新緑のころ降る雨で植物は一層引き立ち成長していく。この雨を緑雨とか、青葉雨、青雨、翠雨などというが春風膏雨《しゅんぷうこうう》は草木や作物を程良く育てる雨である。

〈1995.4.20m〉

【5月】

●雨前茶・雨後茶

若緑に萌える茶畑から、馥郁《ふくいく》とした香りが周辺を包み込むように広がっている。二十四気の穀雨の前に摘んだお茶を「雨前茶」、「穀雨」の節の四月二十日から「立夏」の前日の五月五日までに摘んだお茶は「雨後茶」ともいわれるそうだ。明日は八十八夜、別れ霜のころであるが、遅霜の最も遅い記録は、静岡では一九五六年（昭和三十一）四月三十日、三島が一九五三年（昭和二十八）五月四日である。北日本では九十九夜の泣き霜の表現もある。ご用心。

〈1991.5.1m〉

【6月】

●芒種

六月六日は芒種《ぼうしゅ》。芒《のぎ》のある穀物の種まきや、植え付けを行うころという意味である。二十四気の生まれた黄河流域の言い伝えに、カッコウは「おじいさん、おばあさん、麦を刈って稲を植えなさい」といって季節を知らせてくれるという。近年、北京でのカッコウの初鳴日は五月二十三日（一九五〇～七二年の統計）と早くなっている。日本でのカッコウの初鳴きは、本州中部から北日本にかけて五月十五日から二十日ころで、田植えのころとほぼ一緒。

〈1990.6.6m〉

●ザ・ロンゲストデー

明日二十二日は夏至、北半球では太陽が最も北に偏り、北緯二三度三〇分の北回帰線の真上に来る。梅雨の最中であるが、昼の最も長いザ・ロンゲストデーである。静岡の昼間の時間は十四時間三十分、最近話題のレニングラードではおよそ十九時間である。第二次世界大戦中のドイツのロンメル将軍の言葉は有名で、「上陸作戦の最初の二十四時間は、連合国軍にとっても、ドイツ軍にとっても最も長い日になるだろう…」と。

〈1991.6.21m〉

●シロバエ

梅雨の最盛期は太陽が天頂に近づく季節、今年は六月二十一日が夏至である。太陽を見上げると、その高度角は静岡で約七八度とほぼ頭上に近く、首が痛くなってしまう。梅雨時に小雨がしとしと降っているのに、時々晴れるような気配を見せることがあるが、これを白映《しろば》えという。九州などでは梅雨明けのころに吹く南風を白南風《しらはえ》というが、きょう六月二十三日は沖縄の梅雨明け平均日、梅雨明け後に吹く南風を沖縄では夏至南風《カーチーベー》という。

〈1993.6.23m〉

【7月】

●大・中・小の暑さ

外国では夏至のあとの六月二十四日を、真夏の日とか中夏の日、あるいはmid summer day（ミッド・サマー・デー）というが、日本では小暑、大暑、処暑はあるものの、季節暦には中暑は見当たらない。ところが辞書を見ると中暑がある。中は当たるという意味から中暑は暑気あたりであるとの解説である。日本の夏には初夏・仲夏・晩夏があり、これを三夏ともいって旧暦の四月・五月・六月に当たる。暑さのピークは大暑から半月くらい経過してからになる。

〈1998.7.5m〉

●奥の細道

明日は暦の上では小暑、西日本からそろそろ梅雨明けとなるころというが、今年の梅雨明けは遅れそうである。元禄二年三月二十七日（一六八九年五月十六日）、奥の細道の旅に出た芭蕉と門弟曾良《そら》の旅日記によると、堺田（現在の山形県最上）から尾花沢に着いたのが同年五月十七日（新暦では七月三日）である。当時もうっとうしい梅雨空の毎日であったらしく、五月二十四日（新暦七月十日）には、「十七日より清明の日なし」と記されている。〈1992.7.6e〉

【8月】

## ●白雨覆盆

きょうから八月、そして六日は早くも立秋であるが、今は三伏《さんぷく》の暑さが頂点に達するころである。暦の各節気を三等分した七十二候では、暑い盛りの夕立に「土潤って蒸し暑し」とあり、つづいて「大雨ときに行く」と解説しているのが多い。また上田秋成の七十二候に、白雨覆盆《はくうふくぼん》をひっくり返したような夕立、白雨覆盆の候とある。長梅雨のあと、相次ぐ台風の来襲で土用潰れの天候である。オホーツク海高気圧と太平洋高気圧に挟まれ、不安定な天気となっている。

〈1993.8.1m〉

## ●ダイヤモンド富士

まもなく処暑、日の出の時刻も夏の初めに比べておよそ四十分も遅くなった。八月二十日の静岡の日の出は、四月十九日と同じ時刻で、日の出の方角は、真東からやや北寄りである。富士宮市朝霧高原にある標高六五〇メートルの田貫湖西岸では富士山の影が逆さ富士となるが、四月と八月の二十日ころは、晴れていれば富士山頂からの朝日が湖面に映える見事なダイヤモンド富士が見られる。田貫湖と富士山頂を結ぶ角度は、東から六・五度北となる。

〈1989.8.17e〉

【9月】

●白露と月露

九月八日から二十二日にかけて二十四気の白露である。南朝・宋の謝恵連の漢詩に、「白露、園菊に滋《しげ》く、秋風、庭槐《かい》（豆科のエンジュという落葉樹）を落とす」とある。「月露《げつろ》（月の光が映った露）光彩を発す。此の時方《まさ》に秋を見る」と唐の劉禹錫《りゅううしゃく》が詠んだように、中国北部の秋は日本と異なり、秋の長雨もなく、澄んだ夜空の月光が露珠《つゆだま》に美しい光の彩りを見せる。秋、北京で露の降りる日数は八十六日、静岡では五十日である。

〈1991.9.7m〉

●白露

きょうは二十四気の白露、夜の冷え込みと共に露も繁くなるころである。白露の歌人ともいわれる文屋朝康《ふんやのあさやす》は、百人一首に「白露に風の吹きしく秋の野は　つらぬきとめぬ玉ぞ散りける」、また、古今和歌集には「あきの野に置く白露は玉なれや　つらぬきかくる雲の糸筋」と美しい露の風情を詠んでいる。見事な自然の描写で、秋の雲の動きと表情がリアルに伝わってくる。「白露の晴天は稲作大いに良し」ということわざが伝えられている。

〈1993.9.8m〉

【10月】

## ●露のいろいろ

きょうは二十四気の寒露、晩秋から初冬に向けて朝晩は次第に寒さを感じ、露も冷たくなるころというわけであるが、露は空気が冷却して露点以下になり、大気中の水蒸気が地物の表面で凝結した水滴のことである。繁く降りた露の繁露はやがてしたたり落ちていく。その状景は滴露とか零露、または湛露と表現される。パキスタンでは露のことを「月の妹」というそうだ。静岡県内にある寒天であんこを包んだ菓子の「あんこ玉」は露の形をしている。

〈1991.10.9e〉

## ●雷声をおさむ

中国の二十四気の秋分の候に、雷初めて声を収むとある。秋になると大陸では気温の下降が急で大地が冷え、雷雲も発達しなくなる。終雷の平均日は、モスクワで九月十二日、北京は十月十日であるが、山陰や北陸など日本海沿岸ではこれからが雷シーズンになる。山形県の酒田を例に取ると、月別平均の雷発生日数は、九月が三・四日、十月は四・九日とグンと増加して、静岡の八月の発生日数四・三日を上回っている。

〈1992.10.14m〉

●栗名月

秋も次第に深まり明日は二十四気の霜降である。夜は旧暦九月十三夜、八月の十五夜に対して後の月という。仲秋の名月は里芋を供えることから芋名月であったが、十三夜は栗や枝豆を供えるため栗名月あるいは豆名月といわれている。満月の明るさは太陽の五十万分の一であるが、一等星に比べるとその二十五万倍も明るいという。この月も私たちが見ることのできるのは、いつも同じ片面だけで、全表面の五九％にすぎない。

〈1988.10.22e〉

【11月】

●シバレル

しんしんと冷え込む寒さに思い出すのは、you might think todays cold fish の、「言うまいと　思えどきょうの　寒さかな」のことで、学生時代に口にしたジョークである。身体を包み込む痛いような寒さを、北日本では「シバレル」と表現する。シバレル寒さは、北極から溢れ出た寒気がシベリアでプールされ、勢力の強い高気圧を育てると共に、日本付近へ南下してくる。すでに各地からは多くの冬の便りが届き、そしてまもなく暦の上では小雪となる。

〈1991.11.20m〉

●落ち葉

二十四気の一つである小雪《しょうせつ》も過ぎ、きょうは勤労感謝の日。今年は冬の使者である北西季節風の吹き出しや、初雪・初霜の便りも例年になく早く、各地で最も早い記録を更新している。気象台構内のサクラ紅葉も散り急いでいるが、樹下では一平方メートル当たりの落葉はおよそ六百六十枚と非常に多く、一六六グラムであった。ある調査によると一年間一平方メートル当たりの落ち葉は、ケヤキが二五〇グラム、アカマツは一四〇グラムだという。

〈1988.11.23m〉

【12月】

●北越雪譜

暦の大雪《たいせつ》に合わせたかのように、昨日から北日本は大雪となり、九州も雪化粧をした。天保年間（一八三〇〜四三）に越後の雪や風物について、多くの現象や物語などを記述した鈴木牧之《ぼくし》の北越雪譜《ほくえつせっぷ》は有名である。新潟県の小千谷縮みやコウゾの雪晒しもこの書籍に書かれているが、雪晒しは、雪に含まれているオゾンが太陽の光で酵素分解し、酸化漂白作用をすることに気付き、これを利用した先人の知恵である。

〈1996.12.8m〉

## ●冬至は日が長いのだ

北半球では太陽の高度が最も低いのは冬至であり、日が短いというが、それは昼間の時間である。ところが一年で一日の時間が最も短いのは、九月十七日ころで二十三時間五十九分三十九秒である。一方、一日が最も長い日は十二月二十一日ころの冬至の日で、二十四時間三十秒と九月に比べ五十一秒も長くなっている。冬至は長日の極、ザ・ロンゲストデーともいえるのではないか。「冬至冬なか　冬はじめ」といわれるように寒さはこれからが本番である。

〈1996.12.20m〉

## ●冬至Ⅰ

一九八九年（平成元）十二月二十二日は、年間を通じて昼が最も短く、夜が長いといわれる冬至である。静岡では昼の時間が九時間四十八分で、夏至のころに比べて四時間四十二分も短くなっている。太陽の南中高度は静岡で三一・六度と部屋の奥まで日の光が射し込み、日影の長さは夏至のころの八倍にもなる。中国では紀元前の周の時代に、すでにピタゴラスの定理により、周髀という棒で陰の長さを観測していた。

〈1989.12.21m〉

## ●冬至Ⅱ

太陽は宇宙の通り道の黄道を南に向かっていたが、南限の南回帰線上空に達する日が冬至で、太陽が最も低い高度の黄経二七〇度にある。冬至の夕陽はインド洋に浮かぶレユニオン島付近の遥か上空から大気圏の長い路程を通過するため、一段と赤味を増している。太陽はこの日から夏へのコースへと向かい、冬至は太陽の誕生日・太陽復活の日、一陽来復の日である。ユズ湯に入り、粥やこんにゃく、カボチャを食べる習慣がある。〈1998.12.22m〉

### ●熊の寝返り

冬至のころの日脚を、日本では「冬至十日は日の座り」といい、ヨーロッパでは「ニワトリが歩くように」と表現している。日脚の伸びはゆっくりで、北半球の寒さはこれからである。ロシアでは「冬眠中の熊が寝返りを打つだけ」というように、気温の底が現れるのは一月中旬から二月の初めで、冷えた大地や大気が暖まるには時間がかかる。静岡（北緯三五度）の十二月の月平均気温は八・四度であるが、南半球シドニー（南緯三四度）では二一・五度でグリーン・クリスマス。〈1993.12.25m〉

### ●トンジー・ビーサ

冬至は南至といわれるように、南半球の上空の南回帰線上から陽光を送っていた太陽も、夏への歩みを始めた。冬至は新しい太陽の誕生日であり、クリスマスや元旦は冬至祭りの名残で、中国ではクリスマスを洋冬至《ヤントンチ》と呼んでいた。冬至のころの寒さを、沖縄では冬至寒《トンジービーサ》というが、日本では師走になるとあそこもここも、第九のメロディーに包まれてしまい、テレビ・ラジオ・有線放送をはじめ、街の中は合唱をバックミュージックにした東奔西走の日々となっている。

〈1996.12.25m〉

# 3　生活暦

## 【1月】

### ●元旦

元旦とは一年の始まりとして、正月の満月の夜に年神様を迎えて、平穏・豊作だった昨年を感謝し、今年も豊かで実りがあり、平和な世の中になるよう祈願する日であった。旧暦（太陰太陽暦）の時代には、元日の夜は朔日で月が見えないため、満月の十五日に盛大な正月行事を行った。明治六年に旧暦から太陽暦に変わり、正月行事は次第に元日に移り、元日を大正月、十五日は小正月と呼ぶようになった。「元」ははじめ、「旦」は日の出であり、朝のことをいう。静岡の初日の出は、真東から南へ二八・一度の方角。

〈1991.1.1m〉

### ●七草

「お正月がごーざった、どこまでごーざった、神田までごーざった…」。歳神様を身近に歌った東京の正月歌では、正月が譲り葉に乗って来るという。正月六日は六日年越し、七日は七日正月といって、大正月も終わり、これからの小正月の始まりとして七草粥を食べて無病息災を祈る「七草の祝い」である。「七草ナズナ、なっきり包丁まな板、唐土の鳥が日本の土地にわたらぬ先に、七草ナズナ」の囃《はや》し歌は、七草粥の行事と害鳥を追い払って豊作を願う行事が合体したものである。

〈1997.1.7m〉

## ●鏡餅の天気予報

正月の歳神様に供えた鏡餅を槌などで割ることを鏡開きといい、一月四日や六日の所もあるが、ほとんどの地方が一月十一日に行う。鏡餅に生える赤カビは「モニリヤ」、青カビは「ペニシリユウム・ノータム」と呼ばれている。赤カビの生える年は日照りで暑い年、青カビが生えるのは雨の多い年。青カビの出やすい年は冬の大陸高気圧の勢力も弱く、夏は小笠原高気圧が弱く雨が降りやすいという経験則。もっとも近年は環境の変化に加え、鏡餅も真空パックの時代だ。

〈1990.1.11m〉

## ●寒九の水

「寒の水の目方が軽ければ夏雨が多し」という伝承がある。水の目方は温度が上がると軽くなり、四度のときの水の単位体積の目方は〇・九九九九七であるが、八度では〇・九九九九四九とわずかであるが軽くなる。ところで、昔から寒に入ってから九日目を寒九といい、「寒九の水は薬になる」とか「寒九の雨は豊作のしるし」「寒の内の雨は親の乳房」ともいわれてきた。真冬の雨は冬野菜にとり寒天（いや乾天だな）に慈雨といえる。

〈1990.1.13m〉

## ●花正月

初日の出を拝んだと思ったら明日はもう小正月。女の正月という地方もあるが、小正月には餅花や削り花を飾ったため花正月ともいう。対馬では小正月を戻り正月とか帰り正月ともいうそうだ。旧暦では元日は朔日で月が見えないため、正月の行事は満月になる十五日の方が盛んであったが、その後次第に元日が重視され、元日を大正月、十五日を小正月と呼ぶようになった。二十日正月を東北の旧南部地方では良い目を出すにかけ「目出しの祝い」ともいう。

〈1995.1.14m〉

## ●ハックション

くしゃみの合いの手を静岡県西部ではオンドレ、島根県松江ではアラドッコイショ、奄美大島ではインニャクラエ、沖縄ではクスクェーというそうだ。「くしゃみ」という名称は民俗学者の柳田国男によると、もとは噂の悪意を払うためのクソハメ（糞を食《は》め）からという。ハックションとともに飛び出すツバは時速三二〇キロ以上、つまり風邪のウイルスは秒速九〇メートルで飛び出すから、離れていても捕まってしまう。風邪にはくれぐれもご用心ご用心。

〈1998.1.28m〉

【2月】

## ●節分

きょうは節分、冬から春への曲がり角。「福は内、鬼は外」の唱文が聞かれ、かつては子供たちが袋を持って家々を回っていた。豆まきをして鬼を追い出す風習は、中国の明の時代の行事が室町時代に伝わったという。昔は追儺《ついな》、鬼遣《おにやらい》という宮中行事の一つで、毎年大晦日に疫鬼を追い払うために行われた立春正月へのプレリュードである。節分はもともと四立（立春・立夏・立秋・立冬）の前日ことで、四季の分かれ目をいう。

〈1990.2.3m〉

## ●九九の歌

「一九・二九手を出さず、三九・四九氷上を走る、五九・六九河に沿い柳を看る、七九河開き八九雁来る、九九に一九を加え、耕牛遍《あまね》く地を走る」。これは冬至を起点にして一九は九日目、二九は十八日目というように、季節の移ろいと農事の時期を示したもので、中国黄河流域の山東・河南地方で農耕生活をする農民の「九九の歌」である。二月上旬から中旬にかけて柳が芽吹くころとあるが、静岡のしだれ柳の芽吹きは平年は三月四日である。

〈1998.2.10m〉

## ●筒粥祭り

大陸の高気圧が今ひとつ安定しなかった今冬も、すでに二月中旬となった。清水三保の松原海岸にある御穂神社では、毎年二月十四日の深夜に「筒粥祭り」が行われる。青竹の筒に詰まった粥の量で、その年の農業や漁業の吉凶を占うという古くからの豊作祈願のお祭りである。二月中旬の静岡の時刻別気温平均値によると、午後三時は一〇・六度であるが、午前〇時には五・五度まで下がり、心身共に引き締まる思いである。

〈1990.2.13e〉

【3月】

●桃花水

三月三日は雛祭り、桃の節句である。中国の花暦によると、三月五日の啓蟄から九日までの五日間を「桃の花を呼ぶ風」が吹くころだとしている。桃には大昔から邪気を払い百鬼を制するという魔除けの信仰があった。ところで、山に積もった雪も溶けはじめ、桃の花の咲く早春に、中国の長江（揚子江）上流では蜀江の雪浪といわれる雪解けの増水がある。土地の人は桃の花の咲くころに水かさの増えることから桃花水とも呼んでいる。

〈1993.3.2e〉

●涅槃会

紀元前四八六年二月十五日（旧暦）は、お釈迦様が亡くなられた日である。現在は三月十五日に釈迦の遺徳を偲び、涅槃会《ねはんえ》を行う寺院が多い。涅槃とは吹き消すという意味で、煩悩の火を吹き消して自由になるという仏教における理想の境地をいう。このころ吹く強い西風を「涅槃西風《にし》」とか「彼岸西風」と呼んでいる。「彼岸涅槃の石起こし」といって、三月は石を吹き飛ばすような強い風が吹き、「涅槃の荒れで荒れ果てる」は涅槃過ぎには強風も吹かないことをいう。

〈1996.3.15m〉

【4月】

### ●サマータイムⅠ

サマータイムが検討されているという。ジョージ・ガーシュインのサマータイムではなく、夏の間、時計を一時間進め、日照時間を活用する制度である。英語でデイライト・セービング・タイム（day-light saving time）、これを略してＤＳＴつまり日光節約時間という。日本でも一九四八年（昭和二十三）から実施されたが、労働時間の増加につながったために廃止された。省エネ・余暇活動の推進というが、寝不足や太陽の高い内での帰宅は逆効果であった。

〈1994.4.25m〉

### ●ブランコ

歳時記に春の季語となっている「ブランコ」は、別名「ゆさはり・ふらここ・ぶらんど」と広辞苑にあり、中国では秋千《ブランド》といわれていた。中国宋の詩人蘇東坡（一〇三六～一一〇一）は、春宵一刻値千金で知られる「春夜」の第四句に、鞦韆《しゅうせん》院落《いんらく》夜《よる》沈沈《ちんちん》と、春の宵に女性が遊んでいた中庭の「ぶらんこ」もすでに人気《ひとけ》もなく、次第に夜も更けていく風情を歌っている。ところでブランコの別名（方言）は非常に多く、静岡ではドーラン・ドンズリッコなどともいう地域がある。

〈1992.4.25e〉

## 【5月】

### ●春の天候

フランスには「寒い四月と暑い五月が穀物蔵を天井まで一杯にする」とか「寒い四月はパンと葡萄酒を与える」、逆に「四月が穏やかな天気だと最悪だ」ということわざがある。ロシアにも「春の日はまる一年を養う」との言い伝え、中国には「一年は春で分かり、春は春の初めで分かる」というように、四月・五月の天候が、その年の天候の指標となっているようだ。長野県には「八十八夜に雨が降ると、その年の霜は強い」「春霜が多いと夏晴れ多し」の伝承もある。

〈1996.5.1m〉

### ●八十八夜

「八十八夜の別れ霜」とか「八十八夜の忘れ霜」の言い伝えは、この日を境にして霜が降りないというのではなく、むしろまだ霜が降りるという警告と考えた方がよい。「八十八夜の針たけ」は、稲の苗が針ほどの大きさに育つころだといい、「八十八夜は魚のよどみ」、

「八十八夜は春飛盛漁《はるとび》」などと漁が忙しくなることをいう。立春から数えて八十八日目ころは農漁業での節目であるとの考えから、江戸時代の伊勢ごよみに記されていたという。

〈1994.5.2m〉

●黒霜

「八十八夜の霜水流し」といって、茶所の宇治では霜除けのためのよしずを外すころである。八十八夜の別れ霜とか、忘れ霜などというが、ロミオとジュリエットの中に「アンタイムリー・フロースト…」と野の花に降りる忘れ霜のセリフがある。アンタイムリー…とは「時ならぬ霜」のことである。英語にフォアー・フロースト（hoar-frost）といって白髪からの白霜と、植物の葉を黒くしてしまうことから生まれたブラック・フロースト（黒霜）もある。新緑寒波にご用心。

〈1991.5.2e〉

●タケノコ梅雨

執拗なまでの季節のプレーバックで、先日は北日本で満開のサクラが雪化粧をし、静岡では冬服姿の人も見受けられた。連休前半は天気がぐずつきタケノコ梅雨を思わせた。タケノコ梅雨とは、旧暦の四月から五月ごろに吹く南東の風をいうが、その風が運ぶ曇りや雨のぐずついた天気も意味している。元々は伊豆や伊勢の国などの船乗りの言葉からきたという。

奄美・沖縄は六日に梅雨入り、プラス一カ月で当地も梅雨空か。

〈1993.5.8m〉

## ●愛鳥週間

愛鳥週間が始まった。鳥の声の微妙な変化は、種々の意味や感情の変化を表現したものであり、人間は季節の移ろいを感じ取る。バード・ウィークは一九四七年（昭和二十二）アメリカの鳥類学者のアドバイスで始まったもの。万葉集や古今和歌集などを見ると、昔の人は鳥の声に親しみを見つけ、自分の心を託した詩を詠んでいるのを感じる。輝く太陽が緑の大地に微笑んで生まれた熱気泡を捕らえ、囀《さえず》りながら旋回・上昇する鳥は天然の美ともいえるだろう。

〈1994.5.11m〉

## ●スーマンボースー

五月三日に梅雨入りした沖縄では、梅雨のことをナガアメ、ナガアミ、あるいはナガメとかナガミ、昨日梅雨入りした奄美大島ではナガシと呼んでいる。これらの地方では、梅雨が二十四気の小満や芒種のころに当たることから、小満芒種《すうまんぼうず》とも名付けている。沖縄の伝承には、梅雨入りはスバル星が宵に西の水平線に沈むころ（五月十日ころ）、梅雨明けはスバルが暁の東の空に上がってくるころ（六月二十日ころ）。これは梅雨の期間にほぼ一致する。

〈1994.5.15m〉

## ●大陸からの使者

今年も大陸から春のメッセージである黄砂が日本に届いている。大陸で発生する砂塵あらしの平均日数を記録してある「北京歳時記」には、気象条件だけでなく環境の変化が大きく影響しているとある。それによると一九五一～五四年の砂あらしの日数は、一シーズンの平均は三〇・一日であった。一九五九～六二年は、緑化運動が実り一一・三日とほぼ三分の一まで減少した。しかし一九七一～七八年にかけては、文化革命のあらしで二〇・五日に増加した。

〈1992.5.16e〉

## ●日本晴れ

夜のしじまを破って時ならぬ雷鳴がとどろき、電光が暗闇を走ったが、一夜明けた今朝は日本晴れである。日本晴れという言葉は、「南浦文集」に僧文元が、「三月十一日天気新吹日本晴」と記したのが最初だとされている。現在の暦では四～五月ごろに当たり、日本晴れというと秋のイメージが強かったが、実は春の移動性高気圧が本家であったといえる。だが、きょうは新鮮な寒気が南下し、熱せられた地表からは熱気泡（テルミック）が上昇して大気が不安定に。

〈1992.5.21e〉

### ●第五の季節

日本の一年は春夏秋冬の四季に分けられるが、年末は第九の季節となり、ベートーベンの交響曲第九番のハーモニーが日本中を包んでしまう。沖縄や奄美地方はすでに梅雨の季節、盛夏を前にして南西モンスーン（季節風）の北上で、日本にうっとうしい天候が訪れる。暴れ梅雨になるか、空梅雨となってしまうかは天の配剤であるが、梅雨は日本の第五の季節で大空の水道である。鹿児島には「雨七日、陽《ひ》七日、風七日」の陽性梅雨に関することわざもある。

〈1994.5.22m〉

### ●栗花落

栗の花が散るころになると、曇りや雨の日が多くなり梅雨にはいる。栗花落を「つゆ」あるいは「ついり」などと読むが、梅雨というのは時間的にも空間的にも幅のある季節の移ろいである。これをある日を境にして日単位に区切って「何日に梅雨に入りました」という発表をするのは無理である。梅雨入りの発表は、季節現象の経過診断ともいうべきものであり、古代農耕社会において君主が宣言したのとは異なっている。

〈1991.5.25m〉

### ●ビール天候指数

日差しも強くて汗ばむ季節になり、退社後「ちょっと一杯」とビヤガーデンに足を運ぶサラリーマンも多い。ビールの売り上げは天候に大きな関係があり、あるビール会社では、全国十五都市の最高気温、地域別ビール需要量などから、全国年間ビール気温を設定し、指数化して「ビール天候指数」とした。ビール天候指数は正相関であるが、経済・価格・宣伝などの副因を考慮するという。ビールは夏のものといわれてきたが、近年は冬の需要も増大している。

〈1990.5.31m〉

## 【6月】

### ●梅雨入り

「入梅のような天気ん続いてんねー」。梅雨は今日の標準語形だが、北海道から本州中部にかけての広範囲で、梅雨のことを入梅という人が多い。気象庁から梅雨入りが発表になると「雨ばっかり降ってんともったら、ニューバイに入っちゃってるジャンか」とややこしい。中国では「梅雨季節」と書いてMai-yu《メイユ》と発音する。韓国では梅雨をメウというが、長雨を意味しているチャンマと普通いっているとか。「十薬《じゅうやく》の花まづ梅雨に入りにけり（久保田万太郎）」。

〈1998.6.4m〉

### ●時の記念日I

日本やヨーロッパでは、かつて鐘の音で時を知り日常の生活をしていた。掛け時計の

clock は、ラテン語の鐘（clocca）からで、「時は鐘なり」いや「時は金なり」「時人を待たず」「時は得難く失いやすし」と、時の大切さを教えている。一方、「時知らぬ山伏は、夜も頭巾」「女、風、時、そして運は月のように変わる」ということわざもある。明日は時の記念日、気象観測は全世界で同一時刻に実施されている。

〈1994.6.9m〉

## ●時の記念日Ⅱ

斉明天皇六年（六六〇）に漏剋《ろうこく》（水時計）が作られたが使われず、天智天皇十年（六七一）夏四月に漏剋を実用化したとある。この日を換算すると六七一年六月十日になり、一九二〇年（大正九）に「時の記念日」として制定した。江戸時代には日の出入り前を「明け六ツ、暮れ六ツ」と基準に定め、十二支で昼を六等分、夜も六等分したが、平均して昼が長く、同じ六ツでも夏と冬では二時間前後も変化した。これが不定時法だが、現在は定時法を使用している。

〈1990.6.10m〉

## ●梅雨の洗濯日和

梅雨の晴れ間は梅雨前線の南下または北上、衰弱・消滅したときに現れる。南下型では薄雲が広がりすっきりしないが、前線北上タイプでは夏の青空が広がる洗濯日和。団地のテラスは色とりどりの洗濯物の満艦飾になる。三十年間の統計によると、梅雨期間中に静岡で晴天率の高くなるのは六月十六日と七月十四日で、晴天率は四七・六％、雨天が高率を示すのは、六月二十五日の六六・七％と六月十九日・三十日および七月七・十一日がこれに次いでいる。

〈1990.6.12e〉

●ジューンブライド

イギリスでは六月はバラの季節、月々の中の月といわれるように快適な気候である。ロンドンの六月の月平均気温は一四度、月平均湿度は七八％であるが、静岡の六月は月平均気温二二度、月平均湿度は七七％で蒸し暑い。イギリスでは六月二十四日はミッドサマー・デー（中夏の日）といって、キリスト教バプテスマの聖ヨハネの祭日である。ジューンブライドのヨーロッパは快適だが、梅雨空の日本は蒸し暑く、無礼の季節であるといわれている。

〈1995.6.24m〉

【7月】

●ミッド・イヤー

一月一日を基点とした一年三六五日の中間は一八二・五日。今年は七月一日が通算一八二日目に当たることから、一年の折り返し点は七月一日の正午である。辞書を引くとmid year（ミッド・イヤー）は一年の折り返し点とあり、年の「へそ」ともいえる。mid summer（ミッド・サマー）は真夏・夏至をいう。各地で海開き・山開きが行われたが、梅雨末期の今ごろは天候も急変することが多いので十分な注意が必要である。

〈1993.7.1m〉

## ●半夏生

きょうは夏至から数えて十一日目、暦の上では半夏生《はんげしょう》に当たり、梅雨末期の今ごろ、昔は農事の目安とされていた。「半夏半農」といって、半夏生のころまでに田植えが済んでいないと、収穫も半作になるとの言い伝えがあった。このころの大雨のあとの洪水を半夏水《はんげみず》、半夏のあとの日差しを「半夏のはげ上がり」と呼んでいた。仏教で静かに修道することを安居というが、半夏とは夏安居《げあんご》期間の中間である四十五日目のことである。

〈1998.7.2m〉

## ●三つの廊下

晴耕雨読ではないが、ときおり辞書遊びをすると、おもしろい知識を吸収することができる。梅雨時には、はっきりしない天気の続くことが多く、晴れ間が出たと思ったらすぐに曇って雨となり、天気が安定しない。「空には三つの廊下があるという。『降ろうか』『照ろうか』『曇ろうか』の三つの「ろうか」を廊下に見立てて、天気のはっきりしないことをいう」と広辞苑にあった。梅雨末期には『光ろうか』も加わって四つの廊下になることも多い。

〈1992.7.2e〉

## ●七夕

五節句の一つに七夕がある。「しちせき」といって旧暦の七月七日の夜の七夕祭り、星祭りともいうが、現在は新暦のところや旧暦のところ、そして月遅れの七夕祭りの行事を行うところもある。星祭りは中国から伝わってきたが、日本固有の七夕行事の流れの中に、青森の「ねぶた祭り」や秋田の「竿灯祭り」がある。趣のある七夕であるが、脳裏に浮かぶのは昭和二十年七月七日の清水の七夕空襲と、昭和四十九年の七夕豪雨である。

〈1996.7.5m〉

## ●夏の土用

夏の土用というと、何はともあれ「ウナギ」というわけで、街にはあの蒲焼きの匂いが漂ってくる。今年は七月十九日が土用の入り、八月七日の立秋の前日までの十九日間の土用である。土用についての「ことわざ」からいくつか拾ってみると、「土用三郎・五郎の雨は不作」がある。梅雨明けが遅れたり、台風がきたりすると、土用入りから三日目、五日目も雨で農業に影響するという。「土用三郎のうどん三十六杯」のことわざは、健康によいのか悪いのか?

〈1992.7.18m〉

## ●クリッパー

きょうは海の日、海といえば清水港。清水港といえばお茶。お茶で思い出されるのがクリッパー船。通称クリッパーといっていた。十九世紀中ごろ、中国特産であったお茶（とくに新茶）をイギリスに運ぶには、クリッパー型という快速外洋帆船が使われた。中国の福州から喜望峰経由でイギリスのロンドンまでをいかに早く運ぶか、二隻のクリッパー船は速力一四ノット前後で快走し、一万六〇〇〇海里を九十九日間という記録を作った。

〈1998.7.20m〉


【8月】

●三伏の暑さ

夏至のあとの三番目の庚《かのえ》を初伏《しょふく》（今年は七月十二日）、四番目の庚を中伏《ちゅうふく》（七月二十二日）、立秋のあとの最初の庚を末伏《まっぷく》、これらを三伏《さんぷく》といって、例年八月中旬までは一年で最も暑い時期である。外国では夏の暑い盛りをドッグデー（犬の日）と名付けている。これはドッグスター（犬の星）のシリウスが暑さを加えるからだという。夜明け前の東の空を見ると、月と共に金星が輝き、薄明から朝焼けへと変化していったが、でっといびよい（大豆取り日和）で暑さが続く。

〈1996.8.9m〉

●送り火

盂蘭盆《うらぼん》に祖先の霊が来るのは七月十四日卯の刻（午前六時）、帰るのは十六日午の刻（正午）という言い伝えがある。八月十五日は陰暦でも陽暦でもない月遅れのお盆である。この十六日の夜、京都の如意ヶ岳の中腹で灯される大文字の送り火は、弘法大師が疫病退散を祈願して始められたという。大北山の左大文字、万灯篭山の妙法、西加茂の舟形、それに曼荼羅山の鳥居を合わせて、京都五山の送り火という。お盆帰省のラッシュが始まる。〈1989.8.11m〉

●心頭滅却すれば

暑さの厳しい時候の挨拶に三伏の候がある。八月十二日はその三伏の中の末伏である。唐の杜旬鶴の漢詩に、「夏日悟空上人の院に題す」がある。三伏のころの僧の修行について詠んだもので、その第四句に有名な「心頭滅却すれば火も亦《ま》た涼し」がある。暑さの厳しいときに、悟空上人は門を閉ざし僧衣をきちんと付けて修行している。暑いと思う心を消せば火でさえも涼しく感じられると、心の持ち方一つですべてのものが克服できるものだと歌ったものである。〈1992.8.11e〉

●寄辺水入

茨城県の鹿島神宮には海鳴りの塔があることを前に紹介したが、気象や地震に関するいくつかの伝承がある。寄辺水入《よるべのみずいれ》という高さ約二十六センチの蓋付きの壺は、中に水を入れ一定期間の後に蒸発して残った量から、その年のイネの豊凶を予想したという長期予報のための器具で、江戸時代まで使用していた。清水の御穂神社では、二月十四日の夜半に青竹の筒を粥の中に入れて炊き、中に入った粥の量で豊凶を判断する神事がある。

〈1990.8.18m〉

【9月】

●八朔節句

九月八日は旧暦の八月朔日《ついたち》に当たる。昔は収穫の秋のこの日に、新穀を贈答して祝う行事があり、たのみ（田の実）の祝い、たのむの日、たのも節句などといった。静岡県内でも農家を中心に八朔《はっさく》節句、嫁節句、頼みの節句として、八朔団子、八朔苦餅や赤飯などで祝った。西日本では「八朔の泣き饅頭」とか「八朔の涙飯」と呼んでいたという。季節の変化は雲にも見られ、夏の間は湧き上がるようだった雲も、横に流れるようになった。

〈1991.9.5e〉

●電光朝露

万葉集に「露こそは朝に置きて夕べに消ゆと言へ」とある。電光朝露《でんこうちょうろ》といって、稲光や朝露ははかないもののたとえになっている。大陸の秋の高気圧に覆われて、夜は放射冷却も盛んになり露の季節になった。「明け行く空もはしたなう出で給ふ。道の程、いと露けし」と源氏物語にもある。びっしりと結んだ露がしたたり落ちることを零露ともいう。山梨県の甲府には、ブドウを砂糖で包み露の形をしたお菓子があり、「月の雫」という名が付いている。

〈1992.9.7m〉

## ●重陽の節句

九月九日は、九が重なることから重陽《ちょうよう》の節句と古来いわれている。十は数の頂点であるが満れば欠くので、九が満ち極まった陽の最高の数であるといわれていた。さらに糾《きゅう》や鳩《きゅう》に通じる「あつまる」という意味から「完成させる」ことをいう。九月九日はさらに菊の節句、栗の節句であり、お九日《くんち》として、収穫祭でもあった。きょう八日は白露、笹の葉やイネの葉の露が上っていく現象であるサルコ、これが見られるころである。

〈1989.9.8m〉

## ●仏滅名月

旧暦八月十五日の月を仲秋（中秋）の名月というようになったのは、平安時代（七九四〜一一九二）の前期からである。旧暦には仏滅とか大安などの六曜があるが、これは旧暦の月と日付の数字を加えた数を、六で割ったときに余りが〇ならば大安、一なら赤口であり、三は友引、四は先負、そして五は仏滅となる。ということは、八＋一五＝二三、二三÷六＝三と余りが五となる。つまり、仲秋の名月は必ず仏滅になるというわけである。

〈1992.9.11m〉

## ●昼夜等分時

「暑さ寒さもエクウィナックス（equinox）を越えてつづくことはない」という英語のこと

わざがある。エクウィナックスとはイコールと同じ意味を持ち、昼夜の時間が同じだということである。アメリカやイギリスには宗教的な意味を持ったり国民の祝日としての春分の日や秋分の日はないが、春分のことはスプリング・エクウィナックス（spring equinox）といい、秋分はオータムナル・エクウィナックス（autumnal equinox）という。

〈1995.9.30m〉

【10月】

●月光の真珠

「明け行く空もはしたなうて出で給ふ、道の程、いと露けし」と源氏物語にあるが、朝晩は涼しさを増して露の季節になった。万葉集には「白露と萩とは恋ひ乱れ、別《わ》く事かたき吾が思いかも」と詠まれている。露見草《つゆみぐさ》または尾花ともいわれるススキに宿った露が、月光に真珠のように輝き、一夜明けての朝露はダイヤモンドの彩りを添えている。「夜晴れて風のないときは露深し」や「朝露が降りると晴れ」「朝露が少ないのは雨」のほか露のことわざは数多くある。

〈1991.10.4m〉

●読書週間

明日二十七日から読書週間である。本を読む速さは普通一秒間に約十字、文庫本や小説は一ページ約七百字とすると、およそ七十秒かかる。二百ページの本を読むには単純に計算すると約四時間かかることになる。毎日一時間ずつの読書は一年間で三百六十五時間になり、文庫本を約九十一冊も読むことができるが、一万冊の図書を読破するには、毎日二時間を読書に当てたとすると、五十五年もかかってしまう。本を読んで知識を吸収しよう。

〈1989.10.26e〉

## ●ハロウィーン

十月もあとわずか、今月末の夜はローマカトリックの万聖節の前夜祭ハロウィーンである。アメリカでは秋の収穫を祝い、日本のカボチャに似たパンプキンの中身をくり抜いて、お化け提灯のようなジャック・オウ・ランターン（Jack-o'-lantern）を作る。サム・パンプキンズ（some pumpkins）というと「大したもの」という意味になるが、日本の商業季節にもハロウィーンが現れ始めたようで、サム・パンプキンズというところだろうか。

〈1991.10.26e〉

# 【11月】

## ●山の神

八百万《やおよろず》の神というように、多くの神様があるが、山を守り山を司る神を「山の神」という。民間信仰では秋の収穫後は近くの山にいるが、春になると山から下りて田の神になるという。奥さんは「うちのかみさん」ときには「山の神」といわれることもある。ところが魚にも山の神がいるので驚いてしまう。有明海の川や海に棲むオコゼのようなミノカサゴの仲間も、その名は山の神という。佐賀県には山神橋という橋や、山の神を祀った祠《ほこら》がある。

〈1998.11.23m〉

【12月】

●暦の知識

古代ローマのロムルス暦は一年が十カ月であった。ヌマ暦はこれに十一月(ヤノアリウス)と十二月(フェブルアリウス)を加え、一年を十二カ月(三百五十五日)とした。ローマ五代目の王タルキニウス(紀元前六一六〜前五七九)は、ヤノアリウスを年の初めの一月にし、次がフェブルアリウス…デケンベルを十二月に改めた。日本では一八七二年(明治五)十二月三日を新暦の明治六年一月一日に改めた。つまり、明治五年は十二月二日で終わることになった。

〈1993.12.3m〉

●忘年会

今年も残すところ半月余りとなり、忘年会もピークを迎えているようだ。忘年会の会場は、料理やお酒、暖房のほかに趣向を凝らした隠し芸などで熱気が充満し、部屋の温度は二五度を突破して汗ばむほどになる。やがて宴の終わるころになると、戸外はグンと冷えてくる。

十二月中旬、静岡では午後九時の平均気温が七・六度、室温との温度差は二〇度前後にもなる。アルコール燃料で温まった体も、コートなしで戸外に出ると体調を崩すのでご用心。

〈1992.12.16e〉

## ●百八つ

大晦日に各地の寺で鳴らされる除夜の鐘は、五十四声は弱く、五十四声は強く打ち、百八つの煩悩を洗い清めるためといわれている。一年は十二カ月、暦の中で立春・秋分など二十四気があり、さらに一カ月を六候に分けるので、一年は七十二候になる。これらの十二カ月、二十四気、七十二候の合計である百八つを年の初めに鐘を突き、その年の息災と豊作を祈るので除夜の鐘の百八つだという説もある、さてどうなのだろうか。

〈1989.12.29m〉

# 4 空と海

## 【1月】

### ●星のサイン

冬型の気圧配置の夜は、大気汚染も吹き洗われ天の川が流れて月は美しく語りかけ、多くの星がサインを投げかけている。夜空の星の瞬きは強風の知らせであるが、諸外国にもこれに類似する伝承がある。中国では「夜星爍躍参星揺動主風」、地中海のマルタ共和国でも「The stars twinkle ; we cry wind」と星が瞬いてオリオンの三つ星が揺れ動いて見えるのは、風が強くなる前兆だといっている。

〈1990.1.4e〉

### ●星のささやき

天気図を見ると、シベリア東部の上空には氷点下四八度の寒気があって南下している。一方、地球の寒極といわれるシベリアのベルホヤンスクの地上気温は、上空よりも低温の氷点下五三度の猛烈な寒さである。吐いた息が耳元で瞬間的に凍り、カサカサという音が聞こえてくるそうだ。シベリア北東部の原住民はこれを「星のささやき」と呼んでいる。昭和六年一月二十七日、北海道美深町の北海道庁立農事試作場では氷点下四一・五度を記録した。

〈1989.1.27m〉

●ヒコーキ雲

太平洋戦争末期、青空に糸を引くヒコーキ雲はアメリカ空軍爆撃機B29の来襲を告げる恐怖の知らせであった。世界最初のヒコーキ雲は、一九三一年（昭和六）九月十三日にイギリスで実施されたシュナイダー・トロフィー・レースで、スーパーマリーンS6B水上飛行機が、海面上三十メートルの高さを、平均時速六五五・七キロで飛行したときに発生した翼端ヒコーキ雲であるといわれている。一方、高空での白い雲の糸はエンジン排気ヒコーキ雲や翼端ヒコーキ雲である。

〈1991.1.30e〉

【2月】

●尾流雲

雲は千変万化、常にその表情を変えている。ポカリ・ポカリと浮かぶ雲の底から雨や雪が降っていて、下方に尾を引いたような降水の筋を見かけることがある。雨は途中で蒸発して地面までは届かない。雲の脚、雨脚とも呼ばれるが、正しい名称は尾流雲《びりゅううん》で、原名Virga（ビルガ）には棒の意味がある。尾流雲という和名は、太平洋戦争終戦直後、当時中央気象台測候課の吉武課長（のちに気象庁長官）が名付け親という記事が学会誌に出ていた。
〈1995.2.21m〉

【3月】

●鞭毛プランクトン

春になると大増殖するプランクトンの仲間に鞭毛虫類《べんもうちゅう》がある。原生動物の一亜門で、ミドリムシや夜光虫はこの仲間である。このプランクトンは鞭毛を高速回転させている。その回転数はなんと一分間に一万五千であり、さらにUFOのように一瞬時に停止したり、高速逆回転もするというから驚いてしまう。鞭毛運動は微生物体内の生物化学反応によるもので、このしくみが分かれば素晴らしい利用が広がる。
〈1998.3.10m〉

●トンボロ

風や波、海流や潮流などにより砂礫が運ばれ、海岸の砂嘴《さし》や砂浜が発達して島と陸地がつながり、見事な造形美を見せてくれることがある。これを陸繋島《りくけいとう》といって、出雲の国引きの神話、神奈川県の江ノ島、北海道の函館や霧多布などがそうであり、イタリアではトンボロ（Tom bolo）現象といっている。静岡県内では伊豆の堂ヶ島と瀬浜の砂州がこの例で、大潮の干潮時には架け橋が現れ、小潮の夕方の干潮時には、金波・銀波が夕日に美しく映える。

〈1993.3.18m〉

●黒瀬川Ⅰ

人工衛星や観測船などの調査によると、黒潮はわずか一日でコースを大きく変えている。はるばる熱帯海域から北上し、日本近海では時速一〇キロぐらいの速さに達することもある。海水は澄んで太陽の光を反射しないため、黒みを帯びた濃藍色で黒瀬川の別名もある。黒潮の流れを昔は紀州から西で「上り潮」、東では「下り潮」、相模では「真潮」と呼んでいた。黒瀬川の水量は、信濃川の年間平均流量（毎秒五二七トン）をわずか一〜二時間で運び去るほど膨大だ。

〈1989.3.26m〉

【4月】

●三つ星Ⅰ

晩秋、わずか残った桜葉の枝越しに、東の地平線に並んでいた三つ星は、木枯らしの吹く真冬には「師走三つ星宵通り」と、一晩かかって夜空を巡り、明け方西の地平線に沈んでいく。「四月三つ星宵に果てる」というようにオリオン星座の「ミンタカ」「アルニラム」「アルニタク」の三つ星は斜め右下がりの格好で春の宵闇の中、西空に消える。伊豆下田の歌に「お吉かわいや　あの三つ星も　ドルに買われて　波の上」とある。下田では、三つ星を三ドル星という。

〈1992.4.6e〉

## ●夕暮れ層積雲

夕焼けの空を、畑の畝《うね》のように並ぶ紅に染まった雲がある。積雲を横にのばしたような形で、丸みのある塊、あるいは薄い板状で、ときには空を広く覆うこともある。通称、うね雲とか、かさばり雲といわれる夕暮れ層積雲は、高気圧圏内や局地的な不連続面で発生するが、夕闇と共に消滅する晴れ層積雲であり、明日の晴天を告げている。一方、暗い感じの雲塊は、前線や低気圧に伴う発達中の雲で、雨脚も降りてくるいわゆる雨層積雲である。

〈1991.4.16e〉

## ●大潮

月や太陽など天体の影響で海面が上昇したり、あるいは下降する現象を潮汐というが、新月（朔）や満月（望）のころに潮位差が大きくなることを大潮という。大潮のころ一日二回ずつ現れる満潮と干潮は、二つの満潮、あるいは二つの干潮の潮位が同じ高さではなく、これを日潮不等《にっちょうふとう》と呼んでいる。春と秋の大潮を比べると、潮位の差はほぼ同じだが、干潮は春の方が低く、産卵前の貝の成長と合わせて考えると、潮干狩りは春の方が適している。

〈1989.4.22m〉

●星の汁

今ごろになると例年プランクトンが大増殖をして海の色を染めることがある。一般には赤潮といわれているが、薬水・厄水・葉っぱ水・青潮・しらけ潮・星の汁・星のよだれなど、地方によりいろいろ呼ばれている。夜光虫では赤く染まり、緑のナイルはミドリムシで鮮緑色になる。旧約聖書に「川の水はことごとく血に変わり、魚が死んだ」とあるのも赤潮によるものだ。赤潮は英語でもずばり red tide と呼ばれている。

〈1994.4.22m〉

●満潮間隔

太陽や月の南中（正中ともいう）を決める子午線とは、十二支の子（北）と午（南）、つまり北極と南極を結ぶ大円である。月が真南にあればその引力で海面は上昇し、満潮になるはずであるが、港や湾の形と位置により潮の満ちてくるのはかなり遅れる。静岡県内沿岸では六時間前後の遅れがある。南中から満潮までの時間を潮汐学で満潮間隔という。午の刻（午前十一時から午後一時の間）の中央が正午であり、正午ころ咲くキンセンカは午時花ともいわれる。

〈1990.4.23e〉

●ニンバス

雨雲の中には積乱雲（Cb＝キュムロ・ニンバス）や乱層雲（Ns＝ニンバス・ストレイタス）

があり、いずれもラテン語である。英語辞典を引くと、ニンバスとは、乱雲や雨雲の意味のほかに、神・聖人・帝王の身から発する光輝の象徴である後光や円光の意味もある。天使や使徒それに聖母マリア像は赤色または白色であるが、ユダは黒、サタンは深黒色である。現在県内に広がっている雨雲はユダのタイプなのか、それともサタンタイプなのだろうか。

〈1991.4.25m〉

●夜光虫

野山の新緑の季節に合わせるかのように、海にも本格的な春が訪れ、近海にはマイワシの大群が現れて太公望が釣果を競っている。春の海ではプランクトンの大増殖が始まり、ときには漁業をはじめ沿岸産業にも大きな影響を与えることがある。静岡県近海では一九六三年（昭和三十八）とその翌年の春、夜光虫（学名ノクティルカ・シンティランス）が海を桃色に染め、清水港内では海水を顕微鏡で見ると一リットル中に約六十二万〜六十八万個の夜光虫がひしめいていた。

〈1988.4.28e〉

【5月】

●笠雲

先日、富士山に見事な笠雲がかかった。笠雲の成因はいくつかあるが、気圧の谷の接近に伴う暖湿気流や強風などが影響している。笠雲の形によりその名称も「かいまき・よこすじ・えんとつ」の風雨タイプになるか、「ひとつ・にかい・ひさし・おひさ・とさか」の雨タイプ、そのほか「すえひろ・ふきだし・はなれ・つみ」などの風や日和を現す形がある。笠雲のことをアメリカやヨーロッパではアーモンド雲といい、シチリア島の笠雲は風の伯爵夫人といわれている。

〈1990.5.4m〉

## ●浅黄水

緑色を帯びて重い感じのする北の海、南の海はコバルトであり、黒瀬川の別名のある黒潮は濃藍色と海の色はさまざまである。海水は太陽光の中で波長の短い青色光線を通過するので少し深く潜ると、周りはすべて青く見えるが、プランクトンにより海の色も変化する。北の海の緑は大量の植物プランクトンによるもので、浅黄水《あさぎみず》と呼ばれている。春の三陸沖では植物プランクトンの爆発的な大増殖があり、この現象を草水とか厄水、貝寄せ水などと呼んでいる。

〈1988.5.8m〉

## ●ひつじ雲の天気予報

青空に浮かぶ雲は季節や気象状況でさまざまに変化する。牧場に群がる羊のように見えるので、ひつじ雲と呼ばれるのが高積雲で、雲片の見かけの幅は一～五度である。月夜にこの雲が広がると、月の周りには、虹を小さく輪にしたような美しい七色の光の輪や、光冠が二重、三重に現れることもある。ひつじ雲の高度が低くなり、雲量が増えて波状に広がるときには天気が下り坂であり、雲塊の縁が次第に薄れたり高度が高くなる場合の天気は回復傾向。

〈1990.5.8e〉

### ●ヒョットコホウズキ

満潮では海水に潜ってしまうけれど、干潮になると露出する磯辺を潮間帯と呼んでいる。大潮のときの潮だまりは生物の宝庫で、ウニの仲間のタコノマクラは別名をマンジュウガイとも河太郎の独楽《こま》などともいう。巻き貝の卵であるウミホウズキも、種類によってはチャンチャンホウズキとか、ヒョットコホウズキ、マンジュウホウズキなどの愉快な名前の仲間が多い。潮干狩りに夢中になっていると、遠浅の海辺にはヒタヒタと寄せてくる潮脚が思いのほかに早いのでご用心。

〈1996.5.9m〉

### ●ドン底

五月は晩春であり、初夏でもある。海辺の潮だまりには多くの生物も見られ、潮干狩りの季節である。春から初夏にかけての大潮は、真夜中の干潮よりも日中の干潮の方がグンと低くなる。秋の大潮はこの逆で、夜中の潮の引きが大きい。明治初年から昭和の初めまで正午を知らせるため空砲を発射し、これを午砲といったが、一般には「ドン」と呼んでいた。次の大潮である五月十四日には浜名湖では正午ちょうどが干潮になる正真正銘の「ドン底」となる。

〈1991.5.9e〉

## ●頑固な波

五月の気象カレンダーには、十六日に十勝沖地震津波［一九六八年（昭和四十三）］、二十四日チリ地震津波［一九六〇年（昭和三十五）］、二十六日に日本海中部地震［一九八三年（昭和五十八）］とある。日本海中部地震による津波はテレビでも放映され、その猛烈な状況はソリトン波によるものといわれた。孤立した波形が崩れずに伝わっていく波のことをいい、「不思議な波」とか「頑固な波」などの別名もある。港湾・河川の津波対策の充実が早急に必要である。

〈1993.5.26m〉

## ●海霧の季節

舷窓《げんそう》（船の丸窓）を開けると乳白色の世界が広がり、霧特有のにおいの漂うのがこの季節の三陸沖。ボーッという霧笛が海面に物寂しい余韻を残している。霧は直径一～五ミクロン（一ミクロンは一ミリの千分の一）であり、一立方メートルの霧粒の量が〇・五グラムのとき、見通しの出来る距離は二百メートル、二グラムでは数十メートルしか見えない濃霧になる。

三陸沖の濃霧は親潮に南からの暖湿気流が影響し、遠州灘の海霧は冷水塊と黒潮や黒潮反流に起因する。

〈1991.5.28m〉

## ●雲水量

上空に浮かぶ美しい雲は、小さな氷の粒や水の粒であり、雲の中の水分の量を雲水量《くもみずりょう》という。雲水量は雲の種類で異なるが、濃い雲では一立方メートル当たり約一グラム、強い雨や雹《ひょう》などを降らせる積乱雲（入道雲）でも五グラム程度である。水の重さは一立方センチで一グラムであるから、積乱雲には一立方センチで小さじ一杯分の水が浮かんでいることになる。小さな積乱雲の大きさを、底面積五平方キロ、雲頂高度を六キロとすると、雲水量は十五万トンにもなるので驚きだ。

〈1988.5.29m〉

## 【7月】

## ●五色の暈

火にかけた鍋のみそ汁を見ると、汁の表面に細胞上の塊が隣合って生まれる。これと同じような形をした高積雲（ひつじ雲）を透かして太陽を見ると、雲の縁が美しい五色に輝くことがある。夜はこの雲を通して月を見ると、見事な五色の暈《かさ》（光冠・コロナ）が現れる。巻層雲（うす雲）に見られる視半径二二度の大きなものとは異なり、水滴でできている雲が月を遮ると、視半径一～五度くらいの小さな光の輪ができる。暈の色は濃くてその美しさは格別である。

〈1988.7.8m〉

●太白昼現る

梅雨の最盛期は、前線の南北震動で天気も大きく変化し、夜空に輝く星を見る機会も少ないが、宵の明星の金星がぐんぐん光度を増して光り輝いている。七月十三日から二十三日にかけては、光度がマイナス四・五等星となり、とくに十七日には最大光度に達するという。金星は太陽の光を八五％も反射し、日中肉眼でも観察することができる。中国の古文書には、「太白（金星）昼現る」と、驚きを示したことが残されている。

〈1991.7.13e〉

●SL9

SL9の衝突というと、列車事故かと思ってしまうが、アメリカのシューメーカー夫妻とレビーさんが発見した九番目の彗星が衝突することである。太陽になれなかった巨大な惑星である木星に、SL9の二十連が次々に衝突する天体の一大スペクタクルで、このショーは七月十七日早朝から始まるという。千年に一度しか見られないドラマは全世界で注目されている。地上では大井川鉄道で蒸気機関車（SL）の重連・三重連が運行されることもある。

〈1994.7.17m〉

●ウェーブ・ブレーク

静岡市の高松海岸付近から始まった前浜の消滅・欠如は、清水の駒越海岸まで進んできた。補給の少なくなった海岸の砂が、波で削り取られてしまった訳だが、波が砕けることを英語で wave break（ウェーブ・ブレーク）という。ブレーク・ウォーターというと防波堤のことをいう。同じブレークでもブレーク・ファーストは朝食のこと、ティー・ブレークはお茶の時間、「やあ、コーヒー・ブレークにしようか」というと、仕事の合間のコーヒー休憩である。

〈1994.7.22m〉

●紫外線の量

真夏の太陽に焼かれ、小麦色をした人を多く見かける。太陽光線の強さは静岡では、一月に一平方メートル当たり一日一〇・二メガジュールであり、七月にはグンと増えて一六・八メガジュールとなる。これに伴って紫外線の量もぐっと増加している。暑い夏は冷たい飲み物を口にするが、不快指数が八〇を超える（全員が不快を感じる）と、汗の量も多くなり、皮膚の電気抵抗が急激に変わって汚れやすくなる。海も日差しが強いときには七〇％も反射が加わる。

〈1990.7.29m〉

【8月】

## ●雲の伯爵

イタリアのシチリア島にあるエトナ火山（標高三九二〇メートル）に現れる吊し雲は、「風の伯爵夫人」と呼ばれている。富士山の笠雲は、上層の大気の性質を示していて、山から離れたところには美しい吊し雲が姿を見せる。一九二九年（昭和四）、御殿場に「阿部雲気流研究所」を開設し、「富士山の吊し雲とその形状」の論文のほか、雲の研究で学位や学士院賞を授与された阿部正直伯爵は、まさに「雲の伯爵」であった。

〈1991.8.8e〉

## ●アサガオ雲

「朝がほや一輪深き縁の色　蕪村」。朝早く露を含んで咲いているアサガオを見ると、季節の移ろいが感じられるが、雲にもアサガオにまつわる話がある。板東太郎や四国三郎などは積乱雲のことで、俗称は入道雲とかカナトコ雲やラッパ雲あるいはアサガオ雲ともいわれる。発達した積乱雲が圏界面に達し、雲頂が横に広がって偽巻雲となったものである。アサガオの英名はモーニング・グローリーといい、この名前の付いた雲や前線が外国にある。

〈1998.8.13m〉

## ●水色

船や海岸で見る海の色は一般的には青い色だが、その海水をコップに入れると無色透明になってしまう。「すいしょく」は海洋学では海の色のことをいう。海水の色の観測は、湖沼学者フォーレルの考案した水色計の標準液と比較して決める。水色は十一の階級に分け、一に近いほど水色が高く、その逆が水色は低いという。日本の近海では藍青色の黒潮は水色一～二、通常は緑青色をしている親潮は水色四～五、湾内では七～十になることもある。

〈1991.8.18m〉

## ●よた

三千キロの遠い南方洋上の台風から、高速船並みのスピードで伝わってくるウネリの周期は、日本沿岸で一〇～二〇秒くらいになる。ところが、何の前触れもないのに海面が数分から数十分の周期で、三～四メートルも上下動することがある。長崎港では網曳きから転じたという「あびき」と呼んでいるが、下田港では「よた」といっている。この現象は副振動とかセイシュ（静振）といって、気圧・波浪・内部波などによる港湾の固有振動である。

〈1988.8.19e〉

●砕波高

大潮の満潮時に当たる今朝六時に久能海岸では、台風一四号からのウネリが海岸に平行になるように向きを変えながら押し寄せていた。波の周期は一二〜一三秒で、波高は二〜三メートルであるが、テトラポッド付近での砕波高は六〜九メートルに達し、折からの朝日で美しい波しぶきの虹が懸かっていた。イギリスのスコットランド北方にあるシェトランド諸島の北端にある、海抜六五メートルの高さの灯台の戸が、砕け波によって破壊されてしまったという例もある。

〈1990.8.21e〉

●破れがさ

「月が笠をかぶると雨」ということわざは、全国的にいわれているが、低気圧の前面にある巻層雲（うす雲）に太陽光線が屈折して差し込み、視半径二二度くらいの円を描く、これが暈《かさ》である。ところが月の暈が破れていると必ずしも雨にならず、天気は持ち直すこともあるという。断片的な巻層雲や巻雲（すじ雲・はね雲）の一部が巻積雲（いわし雲・さば雲）になったりしたときの「かさ」は全円ではなく「破れ笠」になる。

〈1988.8.23e〉

●三大八小

浜辺で海をよく見ると、いろいろな方向から高さや周期の異なった波が集まっているのに気づいた人も多いだろう。海の波の表情は非常に複雑で、船員の話では遠州灘の波は「三大《さんだい》八小《はっしょう》」であり、東シナ海の波は「三小三大七小二大」であるという。静岡県沿岸では三つ大きな波が押し寄せてきたあとには、八つの小さな波があることになるが、ときには一発大波がどかんと来ることもある。波打ち際では沖ダシの流れ（リップ・カレント）にも注意が必要だ。

〈1991.8.23e〉

●航海星

北極星は「一つ星」ともいわれ、天球の回転の中心としての名前を表している。航海の天文航法に利用されるために、「ナビゲートリア・スターリング・スター」、つまり航海星とも呼ばれている。昭和二十年代の定点気象観測船は天文航法でいつも指定された定点内に漂泊して観測を続け、航空機や船舶のためにロラン電波を発射していた。近年の航法は電磁航法、衛星航法へと進歩している。きょうは満月、今年二度目の部分月食が今夜午後七時七分から始まる。

〈1988.8.27e〉

●夜の時計星

北極星はナビゲーター、航海星であると共に時計星でもある。北斗七星の「ひしゃく」の先端の二つの星を天空の文字盤中心と結び、北斗時計を考えることにする。この時計は反時計回りに回転し、天頂を十二時とした場合、標準時は六・五－（その月の数×２）－（北斗時計×２）となる。もし値がマイナスになれば二十四を加えると求める時刻になる。地球の自転から生まれる北斗時計は昼の日時計に対して、夜の星時計である。

〈1988.8.29m〉

### ●上弦の月と下弦の月

月は満ちたり欠けたりするので、月の出入りは、月の中心が東西の地平線（水平線）に懸かったときである。上弦の月、下弦の月というのは、月を弓に見立てたときに、弓のつる（弦）に当たる月の欠け際が上にあるか、下にあるかで付けられた名前である。月が西の空に見えるときの弦が上に向いていれば上弦の月であり、下を向いてお椀を伏せたようにしていれば下弦の月という。上弦の月は太陽の東九〇度の位置にあり、月の出は日中で弦を下向きにしている。

〈1989.8.30e〉

## 【9月】

### ●ハレー彗星

一九一〇年（明治四十三）四月二十日に地球へ接近したハレー彗星が、一周百億キロという広大な宇宙のコースの旅をして戻ったのが一九八六年（昭和六十一）二月九日のことである。この接近を前にした一九八五年（昭和六十）の暮、宮内庁から気象庁に一九一一年（明治四十四）七月二十六日の東京大水害についての照会があった。かつては戦争や災害などに関係づけられた彗星の接近を前に、国民を心配された昭和天皇の秘められた一ページである。

〈1991.9.2m〉

## ●静夜思

唐の詩人李白が、名月の情景を詠んだ漢詩の静夜思《せいやし》は、ベッドの前に差し込む月の光を美しく表現している。井伏鱒二は詩集仲秋明月に、「ネマノウチカラフト気ガツケバ　霜カトオモフイイ月アカリ　ノキバノ月ヲミルニツケ　ザイショノコトガ気ニカカル」と、静夜思の名訳を執筆している。昼を欺く満月といっても、月の表面は黒い岩や土で覆われているため、太陽光の九三％は吸収されてしまい、反射しているのは七％で、昼間の明るさの五十万分の一である。

〈1995.9.7m〉

## ●エル・ニーニョ

南アメリカ西海岸には長さ三千キロにわたるアタカマ砂漠がある。この北端にあるグアヤキル湾周辺では、毎年十二月ころに雨が降る。乾燥地帯に降る恵みの雨のほかに、小暖流の発達も影響して、寒流系の魚に代わり暖流系の魚が捕れるようになる。住民はこれをクリスマスの贈り物としてエル・ニーニョと呼んだ。スペイン語の男の子（niño）に定冠詞（el）

を付け、頭文字を大文字にしてEL Niñoは、幼子イエス・キリストを意味する。〈1993.9.12m〉

●月の色による天気予報

ジョン・ウェインが颯爽と馬にまたがっていた映画というと、開拓期のアメリカをテーマにしたものが多い。そのころ、開拓農民は「月が青白く見えるときは、巻雲だからやがて雨が降る。赤い月が見えるときは、舞い上がった埃で赤く見えるのだから翌日は強風。晴れた月夜は霜が降りる」という観天望気をおこなっていた。日本にも「白色の月は天気、青白い月の時は雨になる。月の色が薄赤いときは風」など数多いが、地域によっては天気が逆のこともある。〈1998.9.12m〉

●太陽が水を飲む

一九二八年（昭和三）九月十三日午前六時の中央気象台（現在の気象庁）の天気図は、台風六号が沖縄付近を西進中の概況を、日常の話し言葉で記述した最初のものである。一九七六年（昭和五十一）九月十七日、台風一九号が関東東方海上を北上したときに、東京では「扇形の夕焼け」が見えたという。この光の扇子をドイツでは「太陽が水を飲む」といい、オランダでは「太陽に足が生える」ともいっている。日本には「夏の異常な夕焼けは嵐の前触れ」がある。〈1989.9.13m〉

### ●暴張湍

旧暦八月十五日を中国では潮神の誕生日と名付けている。チェンタン川（銭塘江《せんとうこう》）では八月十八日ころの満潮には、波高が二～三メートルにもなる潮波が、時速二〇～三〇キロのスピードで河口から一〇〇キロ以上も遡上（逆流）する。銭塘潮という別名もあるこの潮の流れは、暴張湍《ぼうちょうたん》や潮津波あるいはタイダル・ボアなどという。この暴張湍を詠んだ漢詩には、劉禹錫の浪淘沙、柳永の望海潮、陳師道の観潮ほか数多くある。

〈1995.9.13m〉

### ●高潮

高潮といえば東京湾や伊勢湾・大阪湾など湾口が狭くて水深の浅い湾での発生が知られているが、水深の深い湾でも発生する。平均水深が五〇〇メートル以上もある駿河湾では、スピードの早い台風が湾の西側を北上するときに、波高一〇メートル以上の巨大な波浪を伴って、暴風津波の要素を持った深海性の猛烈な高潮が襲ってくる。一方、水深の浅い浜名湖ではウェーブ・セットアップといって、次々に押し寄せる波浪の堆積も加わり、浅海性の高潮が発生しやすい。

〈1998.9.16m〉

### ●ポルトガルの軍艦

黒潮に乗り南方から流れてくる流木の陰には、春はカツオの群が見られ、これを木付きカツオといっている。夏から秋にかけては「ポルトガルの軍艦」が押し寄せてくる。日本では電気クラゲともいう「カツオノエボシ」のことで、英名が「ポルトガル・マン・オブ・ウォー」つまりポルトガルの軍艦である。別名は「青い瓶」というが、三角帆のような浮き袋に風を受け、風速四メートル／秒で一日に十八キロも航海するというのだから驚いてしまう。

〈1992.9.20m〉

## ●ムーンライト・セレナーデ

澄んだ秋の夜空の月はセンチメンタルになるものであるが、月光を見ると思い出されるのはロマンティックなミラーサウンドの「ムーンライト・セレナーデ」である。トロンボーンを主体にしたミラースタイルの「インザムード」「茶色の小瓶」など、一九五三年（昭和二十八）に映画「グレンミラー物語」を鑑賞してからは、レコード店にたびたび足を運んだものである。その月から地球を眺めると、大きさは満月の四倍だという。

〈1989.9.21m〉

## ●彼岸の夕陽

鹿児島県薩摩半島の西の海上に浮かぶ甑島《こしき》に、藺落《いおとし》という集落がある。この集落では「彼岸の夕陽を藺落で見れば、極楽浄土が拝めます」と謳われるくらい見事な夕陽が眺められる。今ごろは太陽が真東から上がり、真西に沈む季節である。伊豆半島の西海岸では駿河湾を通してのタ陽と、赤く染まる富士の光景が美しい。北海道では広大な平原のタ陽が見られるが、静岡県西部でも東西に延びる道路や鉄道の西方に沈むタ陽も美しい。

〈1993.9.23m〉

### ●十五夜と満月

旧暦八月十五日の月を仲秋の名月というが、一九七六年（昭和五十一）には仲秋の名月を二度も観賞することができた。この年は旧暦閏《うるう》の八月があったので、九月八日（旧八月十五日）と十月八日（旧閏八月十五日）の二回の仲秋の名月となった。今年は九月二十二日が仲秋の名月だが、月が望（満月）となるのは九月二十四日午前七時四十分である。十五夜と満月が一致することは少なく、一八七〇年から二〇〇〇年までの百三十一年間に四十九回である。

〈1991.9.23m〉

## 【10月】

### ●太陽のエネルギー

木陰で涼を楽しんでいたのが、いつの間にか日なたが恋しくなる季節に変わりつつある。太陽光線は地球の表面一平方メートル当たり、垂直に一・三五キロワットの割合でエネルギーを送ってくる。大気や雲などに反射したり吸収されたりするものが半分あるといわれるが、一〇平方メートルの受熱板には一・三五×〇・五×一〇＝六・八キロワットのエネルギーが到達する計算になる。これは水温二〇度の水二百七十リットルを、一時間で四〇度のお湯にする熱量である。

〈1989.10.7m〉

## ●イワシ雲

富士の冠雪を背景に、港内には大勢の太公望が釣り糸を垂れていた。釣果を眺めるとカマスやイワシであり、連日盛況を極めているという。顔を上げると青空に白砂を撒いたような雲が碁盤目や波形に並んでいる。真珠の玉のような輝きのあるこの雲が出るとイワシがとれるともいわれている。秋の雲といわれるが春にも現れ、十類の雲形では巻積雲といい、上空の風速の不連続面の波動に発生する氷晶雲である。みずまさ雲、さば雲、うろこ雲ほか多くの別名。

〈1989.10.7e〉

## ●年中無月

秋の夜の月は万葉の昔から愛でられてきた。地球と月の距離は現在三十八万キロだが、月は一年に三センチずつ地球から遠ざかっている。現在の距離の一・五倍まで離れると、月の公転周期と地球の自転周期が等しくなり、地球は月に対していつも同じ面を向けるようになるので、月を見ることのできない国も生まれ、年中無月でお月見には外国まで出掛けなければならないことになる。一〇〇年後には三メートル、一〇億年後には三万キロも遠くなって

しまう。〈1998.10.13m〉

●青い月

クラカトア火山の噴火やカナダの森林火災の後、太陽面が青色を帯びているのが観測され、青い太陽と呼ばれた。大気中に浮遊した微粒子の形状が揃い、赤色光の減衰が強く、青色の消散が弱い場合に現れる。緑色に見える場合は緑の太陽の名があり、月に対しても「緑の月（グリーン・ムーン）」とか、「青い月（ブルー・ムーン）」ともいわれている。そういえばブルー・ムーンという甘いムード音楽のあったことも思い出される。〈1991.10.19m〉

【11月】

●三つ星Ⅱ

三つ星を東北では三大師、伊豆下田では三ドル星ともいう。外国では三人の草刈り、三人のマリア、東方の三博士というオリオンの三つ星は冬の星座である。沖縄の八重山では三つ星と、その周辺の星を立明星（タツァーギ星）といい、南中しているとき吹く南風を「立明星昼間はい」という。天気図の天気記号は一〇〇種類あるが、その中には三つ星どころか、四つ星や二つ星・一つ星もある。地図の名勝記号と同じ∴は並雨であり、四つ星は強い雨の記号である。〈1998.11.13m〉

●晩秋

晩秋の日暮れは早く、赤く染まった夕空もやがて澄んだ月夜に変わることが多い。「弥陀のお顔は秋の月」という歌があるというので探したが見つからない。晴れ渡った夜空に輝く月は「月の鏡」とも呼ばれている。気圧の谷が通過した後、大陸の優勢な高気圧が張り出してきた。北海道上空には氷点下三〇度の寒気が南下し雪となるが、静岡県内は冬型で青空が広がる。きょうは清水魚座の「おいべっさん（えびす講）」、昔は「おいべっさん」がくると寒くなるといった。

〈1993.11.19m〉

●月の霜

新古今集の「和歌の浦に月の出汐のさすままに」とは、月の出と共に潮が満ちてくる状景を歌っているが、この二十二日は満月。月の出と共に満潮になる。明るいと思われる満月も、その明るさは太陽のおよそ五十万分の一である。とはいうものの、さえ渡る秋の夜の月光を霜にたとえて、後撰和歌集に「月の霜をや秋と見つらむ」と歌われている。エノケンこと喜劇俳優の榎本健一が歌った「月光値千金」は昭和初期にヒットした。

〈1991.11.21e〉

●水平弧

日の暈、月の暈は、細かい氷の粒でできた上層の「うす雲」のプリズム作用によるもので、ときには幻日や天頂弧などが現れる。一九八五年（昭和六十）五月十五日、富山県小矢部市で水平弧（水平虹とも）という現象が観察された。「うす雲」を作っている氷晶に、横から差し込んだ太陽光線が、下の方に屈折して、高度角が二四度で水平に伸びた美しい光のベルトが出現したのであった。虹は通常アーチ型をしているが、水平弧は低い位置のため見つけにくい。

〈1991.11.28m〉

【12月】

## ●ほしはすばる

寒冷前線が通過し、冬型の気圧配置が強まると日本海側の各地は雪や雨になるが、静岡県内では空気の乾いた晴天になる。太陽が沈み、南の空に冬の星座の代表であるオリオンの三つ星が瞬く。オリオン座の右上には枕草子に「星はすばる…」と詠まれたスバルボシを見ることができる。中国ではこの星を昴星《ぼうせい》と呼び、日本では昴《すばる》と読む。明け方薄明のころ、オリオンの左下に一際明るく輝いているのが「大犬座のシリウス」である。

〈1988.12.9e〉

## ●黒瀬川Ⅱ

日本列島の太平洋沿いに流れる海の中の川がある。黒瀬川あるいは上り潮とも言われている黒潮である。黒潮は幅一〇〇～二〇〇キロ、速さは毎時三～六キロ、ときには一〇キロにもなる。流量はおよそ毎秒六〇〇〇万立方メートルにも達する。黒潮の海面水位は、地球自転の影響で、流去方向の右端が左端に比べると一メートル以上も高くなる。黒潮の流れには直行形と大蛇行形の二つのパターンがあり、流去・接岸の状況で気象・海象に大きな変動を与える。

〈1989.12.11m〉

## ●天使の瞬き

クリスマス・ツリーは永遠の生命を表す常緑の木であり、アダムの持ってきた善意を知る木、キリストを表す不滅の生命の木であるといわれている。冬の季節風が都会のスモッグを吹き払い冴え渡る冬の夜に、北極星を中心にしてスターダストが輝くことがある。天使の瞬きのような美しい星空は、汚れのない自然の証明である。夜空を肉眼で眺めて確認できる星は六等星までで、全天でおよそ八千六百個だから、高い山から見れば北半球では四千三百個見えるはず。

〈1989.12.24m〉

## ●正午の夕陽

師走の太陽は青空を作り出すと共に、日中でも建物に橙黄色の光を投げかけている。静岡では今ごろの正午の太陽高度はおよそ三一度余りで、大気の差し込む路程は夏至のころの午前七時半か、午後四時前後に相当する。ということは、今ごろの太陽を見ていて分かるように高度が低く、夏の朝日や夕陽と同じで大気圏を斜めに差し込んでくるので、ビルを橙黄色に染めている。弦を上にした五日月が、寒波や強風に震えるように沈んでいく。

〈1995.12.26m〉

# 5　風雨・雪氷

## 【1月】

### ●アスピリン・スノー

寒い地方の雪は乾いてさらさらした状態のため、アスピリン・スノーともいわれ、風で舞い上がって地吹雪になる。地吹雪の発生は日平均気温が氷点下二度以下、最低気温が氷点下五度以下のときに、秒速四～五メートルの風が吹けば発生する。気温が〇度近くになると湿った雪になり、地吹雪は発生しない。雪の関ヶ原でかつて新幹線による地吹雪が発生していたが、現在はスプリンクラー効果で発生が抑えられている。

〈1993.1.27m〉

### ●チンダル現象

厳しい冷え込みの朝、厚い氷をよく観察してみよう。ピシっと張りつめた氷が日差しを受けると、内部が融けて氷の六花ならぬ、六花状の水模様ができる。ウォーター・フラワーのようなこの現象は、発見者であるイギリスの物理学者チンダル（十九世紀）の名から「チンダル現象」と名付けられている。氷の中に生まれた六花を形作るのは、空気泡ではなくて水

蒸気である。雪の結晶も六花、六角を基本にした板状・樹枝状・柱状・針状などさまざまだ。〈1996.1.27m〉

●ドラフト談議

わずかな隙間から入ってくる風は冷たい。隙間風を英語でドラフト（米語では draft、英語では draught の綴りとなる）というが、ドラフトにはこのほか多くの意味がある。その中のいくつか並べると、小規模な空気の流れ、乱気流の中の上昇流や下降流、通風口とか実験室の通風装置のことをいう。また、一息に飲むこと、つまり一気飲みもドラフトであり、生ビールをドラフトビールというからややこしい。さらに選抜するということからドラフト会議もある。〈1994.1.30m〉

【2月】

●スリート・ジャンプ

湿った雪が降ると気象台では「着雪注意報」を発表して注意を喚起する。電線に付着した雪は、ときには直径一〇センチを超える太い筒雪になることもあり、電線は雪の重みや風圧でぶるぶる身震いをし、跳ね上がって断線したりする。この跳ね上がり現象を霙《みぞれ》が跳ねるという意味からスリート・ジャンプ（sleet jump）という。電線の跳ね上がりは停電の原因に

なるが、地盤の跳ね上がりは大地震や大津波の要因で、平素から地震・津波対策が必要である。〈1998.2.6m〉

## ●流氷

隙間風はドラフト（draft）というが、一字違いのドリフト（drift）には流れるという意味がある。ドリフトアイス（drift ice）は文字通りの流氷、テレビで刻々変わる雲写真の中で、オホーツク海に淡白く停滞しているのが流氷である。網走の今年の流氷初日は一月二十六日で、昨年より十五日早い。びっしりと海を覆う流氷原に、北海道東部はシバレル二月。航空機による流氷観測は中央気象台女満別出張所を基地として、昭和十年から十九年まで実施された。〈1994.2.9m〉

## ●雪華図説

江戸時代の下総国（現在の茨城県）古河《こが》の城主、土井利位《としつら》は蘭鏡（顕微鏡）で雪の結晶を観察し、そのスケッチと解説を雪華図説《せっかずせつ》「一八三三年（天保四）」および続雪華図説「一八四〇年（天保十一）」に著述している。倍率も低く解像度の悪い当時の顕微鏡で、およそ二百個の雪の結晶の分類を行ったのであるから、その労苦は並々ならぬものであったと思われる。現在の顕微鏡写真による分類と比較してもほぼ一致し、雪の成長段階も綿密な観察をしている。

〈1993.2.10m〉

## ●ブリザード

南極の猛吹雪・ブリザードについては時々テレビで映像を見かけるが、北アメリカでも急速に南下する寒気によってブリザードになることがある。稲妻のように激しいことから、ドイツ語のブリッツ（Blitz、稲妻）が転じたという。寒気の氾濫がさらに南下するとニューヨークでは気温が二〇度も急下降してノーサという猛吹雪になる。この寒波はときには南半球のアマゾン流域に達して巨大な積乱雲を生み、ペルーの海岸砂漠にときならぬ大雨を降らせることもある。

〈1993.2.14m〉

## ●シガとアオザエ

「冬になれば　シガコも張って　ドジョッコだの　フナッコだの　夜が来たなとおもうべな」。ご存じの歌のシガコとは方言で氷のことである。氷の方言は数多く、東北や北陸でシガというが、浮いて流れてくる氷を千葉県ではシガともいう。また、北海道や福島などでは木についた水蒸気が凍った樹霜をシガという。厚い氷を新潟ではアオザエというし、カンコーリとの呼び名は関東から九州までの各地に広く分布しているようだ。

〈1996.2.27m〉

【3月】

●ウラカン

三月七日にカロリン諸島で台風一号が発生したが、ここ数年ではかなり遅い記録である。発達した熱帯低気圧を日本では台風というが、カリブ海や大西洋海域ではハリケーンと呼んでいる。この名称は南米の土俗神（その土地の風俗の神）である一本足の風神「ウラカン」に由来していて、ハリケーンに伴う竜巻を意味している。アルゼンチンタンゴのエル・ウラカンは、渦巻く風音をバンドネオンが見事に表現した名曲ではないかと思う。

〈1991.3.10m〉

●羊角風

春風というと優しく感じるが、ときには春の嵐になることもある。中国では「春風は牛を吹き倒す」とか「羊角風《ようかくふう》」との表現もある。羊角風とは羊の角の風、つまり羊の角から類推されるように「つむじ風」「旋風」のことである。日本では「つむじ風」の方言が多い。静岡県内には「つむじ風」のほか「まわし風」「つじ風」「かまいたち」「まわり風」「まき風」などがある。西日本では「まいまい風」「どーまい風」「てんぐ風」などなど数多い。

〈1995.3.12m〉

### ●霜花

「三つの花」「霜の花」「さわひこめ」など優雅な異称のある霜も新芽や若葉にとっては大敵。「霜花の丈が長いと雨、短いときは風」などという霜花は霜柱のことで、地中の水分が凍ったもの。霜柱のことを静岡県内でタッペ、タチゴーリ、センボンゴーリ、ザランゴーリなどと呼ぶ地域もある。移動性高気圧に緩やかに覆われて晴れた夜は、放射冷却で冷え込み霜が降りるが、雲があると雲から目に見えない赤外線が地表に向かって放出されるので冷え込みは弱い。

〈1994.3.15m〉

### ●成層圏の季節風

過ぎ去った冬を振り返ってみると、日本付近では地上の風は北風や西風が卓越するが、上空では偏西風（西から東に向かって吹く帯状風）が卓越する。この風は夏には偏東風に変わるため、これを成層圏の季節風といっている。一方、赤道付近の上空では、東風が一年間続いたあとに、次の一年間は西風の天下に変わる二年周期の季節風である。この周期変化が日本の気象にも関連し、天気や冬の季節風に二年周期で反映することもある。

〈1991.3.28e〉

## 【4月】

### ●春の嵐

春爛漫のころ、無情の雨を伴いながら通り過ぎていく春の嵐。低気圧が日本付近を通るコースは、北緯三四度から三六度を中心とする南岸タイプと、北緯四〇度から四四度を中心にした北日本タイプに分けられる。この低気圧の発生や移動のコースの上流をたどると、ヒマラヤ山脈やチベット高原にたどり着く。ヒマラヤ山脈やチベット高原は日本の気候だけでなく、地球全体の気候にまで影響を与える世界の屋根である。

〈1989.4.3e〉

### ●春の荒天

英国には「四月の雨」とか「四月の天気は雨と光が一緒に降る」などのことわざがある。日本にも「春の天気は降る、吹く、曇」と、愛知県春日町などに昔から言い伝えがある。春の荒天は今ごろ現れやすいが、静岡県内の春の嵐の出現しやすい日は、ここ三十五年間では四月四日から九日にかけてで、出現率は六三％となっている。春の荒れについて「春バエ（南風）七日蓑《みの》持つな」ということわざが西日本にあるが、蓑を持つなとは蓑を着よの意味である。

〈1996.4.6m〉

●霜島

気圧の谷が去り、日本付近には真冬並みの寒気が南下してきた。高気圧に覆われ放射冷却で冷えた空気塊は、地表に沿って動き霜の被害が発生する。霜は露と同じ性質のものであるが、温度が低いため水蒸気が昇華して氷の粒になったものである。一筋の流れのような霜道や、すり鉢状になったところでは周辺より強い霜の降りることがあり、霜穴または霜島、あるいは冷気湖と呼ばれる。霜は英語でフロースト（frost）、霜穴はフロースト・ポケットという。

〈1990.4.6m〉

●エイプリル・ウェザー

桜雨というと静かな春雨の形容であるが、花開いて風雨多しは春の嵐の例えである。旧暦三月の異称は多いが、桜月や花飛《かひ》もある。変わりやすい今ごろの天候はイギリスにもある。エイプリル・ウェザーといって照ったり降ったり曇ったりの空模様のことで、「四月の天気は雨と日光が共に降り注ぐ」とか「彼は一時間に九回も石を濡らす四月の雨のように心変わりが激しい」ともいう。日本の時雨は晩秋から初冬にかけての表現であるが、さしずめ春時雨か。

〈1994.4.13m〉

●トルネード

これから秋にかけては突風や竜巻の発生しやすい季節である。アメリカでは年平均およそ八百のトルネード（竜巻）が発生する。日本では東海道沿線に発生しやすく、東海道は「竜巻銀座」ともいわれている。上空の雲から垂れ下がってくるロウト雲を「象の鼻」というが、この渦巻きは、北半球では九九％が左巻き（反時計回り）であり、南半球のオーストラリアでは九五％が右巻き（時計回り）の調査報告がある。

〈1989.4.12e〉

●黄霧

砂嵐による黄塵万丈の黄砂現象を、中国では雨土、雨砂、黄霧などと呼んでいるが、さすがに文字の国である。中国の張徳仁（科学通報・一九八二年）の調査によると、この千年の間には黄砂に関する記録が千百五十六件もあった。黄砂の発生は春に多く、とくに四月に年間の二五％が集中するという。今年の雨土は三月二十七日に発生した華北の砂塵嵐が最初であり、日本の黄砂は四月九日に北日本、十二日に西日本、十三日に沖縄で観測している。

〈1992.4.14m〉

●ツルゴ落とし

春の気配が濃くなったころ、まだ私の天下だと寒気が南下し、北日本では雪の降ることもある。遠い大陸までの春の旅である「渡り」の準備中のツルや、空高く青春を歌うヒバリにとっては大変な出来事。この春の雪を秋田地方では「ツルゴ落とし」ともいって、北帰行のツルの子が落ちてしまうのではないかと心配し、また青森地方では「ヒバリ殺し」ともいっている。ツグミの一種でアメリカコマドリをロビンというが、春のはじめに降る雪をアメリカでは「ロビンの雪」という。

〈1992.4.19m〉

●融雪洪水

雪解け、せせらぎ、丸木橋と歌われる北国の春は、ウメ、モモ、サクラが一斉に咲く「三つの春」。雪が融けたら春になる。雪が融けたら水になる。雪解け水は雪汁、雪代水などといわれ、融雪で川や海が濁ることを雪濁りという。雪国の春は融雪洪水で始まる。融雪は平均一日に一〇センチにもなり、山間部の雪解け水を集めた川は、平野にくると青空の下での洪水になる。ロシアに現れる最大の季節現象は春の増水であると、気候学者のバエイコフはいっている。

〈1993.4.22m〉

●つちぐもり

中国大陸の乾燥砂漠地帯で発生する砂塵嵐の名称には、「雨土」や「雨砂」のほかに「土霾」や「雨霾」がある。漢和辞典によると霾はバイあるいはマイと読み、強風で空に巻き上げられた土砂が降る「つちふり」、巻き上げられた土砂で空が曇る「つちぐもり」とある。風で舞った砂塵は上空三〇〇〇メートル以上に達しているのが観測されている。日本でも関東地方は、霜柱が消えると関東ローム層の砂塵嵐の季節になり、黄塵はサッシの窓でもどこからとなく室内に侵入する。

〈1992.4.23m〉

## 【5月】

### ●サバエとソバエ

旧暦五月ごろ、群がり騒ぐハエを五月蝿と書いてサバエと読むが、騒がしいので五月蝿《うるさ》い、ともいう。一方、日照り雨もサバエというが、サバエの別名ソバエは「戯《たわむ》れ」「ふざける」「騒ぐ」の意味のほか「通り雨、日照り雨」のことをいい「五月蝿い」と同じ意味もある。日照り雨は、照ったり、降ったりの「狐の嫁入り」とか「肘笠雨《ひじかさあめ》」のことである。肘笠雨とは、俄雨が降って笠をかぶる暇もなく、肘を頭にかざして笠の代わりにする様子をいう。

〈1998.5.10m〉

### ●こぬか雨

ここんとこー、雨んばっか降っておとましーずらー。雨についての方言は数多いが、小雨について調べて見たところ、こぬか雨は正統派である。小雨をコソ雨とかコソコソ雨というのは関東地方、千葉県北部ではチャッツケ雨、静岡県西部と愛知・長野の県境ではケ雨とかケンケ雨などともいう。また、小雨のことを岡山ではソバエというが、狐の嫁入りも日照り雨（ソバエ）であるからややこしい。千葉県では狐の祝言と名付けている。

〈1998.5.13m〉

### ●カジの変化

今年（平成二年）の台風発生数は、現在までに三個と平年並みである。台風が接近・上陸しやすい南西諸島の沖縄では、台風のことをカジともいうそうだ。カジとは風のことで、そよ風をイチ（息、つまり風の息）という。風が次第に強くなるのに従ってその表現も、カジョーサン、カジバーバー、カジバンバン、カジブーブーなどと変化し、擬音語で風の状況を描写している。沖縄には「ン」のつく風の名があり、平良市では東風を「ンスカディン」というようだ。

〈1990.5.21m〉

## 【6月】

### ●風が見える

湿りを含んだ南風に杜《もり》の樹梢波《じゅしょうは》が騒ぎ、麦畑の穂波が揺れて風の動きを見ることが出来る。

北海道の根室や釧路など今ごろは霧の季節である。沖合の海霧が海陸風の交代と共にどっと陸地に押し寄せてくる。土地の人たちは「風が見えるぞ」といっているが、静岡県内でも遠州灘や駿河湾などでは、冷水塊の変化と風の動きに伴って、団塊状の海霧が見える季節である。海霧は時々刻々と場所や濃度を変えるので、船舶の航行には細心の注意が欠かせない。

〈1992.6.1e〉

## ●タクラマカンの雨と油

ライダー（レーザー・レーダー）の観測によると、日本上空の黄砂はいくつもの層に分布しているのが確認されている。その発生源を追跡していくと、大陸の砂漠地帯タクラマカンや黄河流域にたどり着くが、タクラマカン砂漠西部のカシュガルの平均降水量は、五月が一四・一ミリ、六月は五・五ミリである。その砂漠にあるタリム・トルファン油田の埋蔵量はクウェート並みで、広大な砂漠もかつては緑に包まれていたことを証明している。

〈1992.6.4m〉

## ●雹の季節

梅雨のころ、空の窓が開いて明るい青空が広がることがある。ぐずつき前線が南下したあとに照りつける太陽、その高度角は静岡付近で今ごろはおよそ七八度。夏の日差しと上空の寒気のデュエットによる「雹《ひょう》の季節」である。雹とは直径五ミリ以上の氷の粒で、一九一七年（大正六）六月二十九日、埼玉県に降った雹は、長径が二三センチ、重さはなんと三・四キロのカボチャ大というから驚きである。直径が五ミリ未満の氷の粒は霰《あられ》という。

〈1991.6.8m〉

●樹雨

海岸から上陸してきた暖湿気流が森林に流れ込み、濃霧の発生する季節が訪れた。樹木の枝や葉に付いた霧粒は次第に水滴となって落ちる。これを樹雨《きさめ》といって風の乱れによる小さな渦の多い森で見られる。紀伊半島の大台ヶ原では、一夏の樹雨の量が四四〇ミリを超した観測報告もある。普通の雨粒の直径は二～四ミリであるが、霧雨は〇・五ミリ以下で空中に漂うように森を流れて、あるときは濃くなり、またあるときは薄くなって樹雨となる。

〈1990.6.14m〉

●降水密度

ある期間の降水量を降水日数で割った値を降水密度といい、雨の降り方の判断に用いている。年平均降水量と降水日数から求めた降水密度によると、札幌が八・三ミリ、東京一四・〇ミリである。これに対し、静岡は二〇・九ミリ、浜松が一七・三ミリであって、高知の二二・八ミリ、鹿児島一八・四ミリに近い降り方である。雨の大台ヶ原を背負った三重県尾鷲市ではラムネ玉のような雨が降り、降水密度は三一・七ミリと群を抜いた値である。

〈1990.6.26e〉

### ●世界の降水量

年間の平均降水量を調べると、札幌一一五八ミリ、東京一四六〇ミリ、静岡二三六一ミリ、尾鷲四一一八ミリ、鹿児島二三七五ミリである。しかし南米チリ北部のアリカでは年平均降水量がわずか〇・六ミリである。全世界の年平均降水量はおよそ一〇〇〇ミリであるから、日本は雨の多い国といえる。しかし人口一人当たりの降水量に換算すると、日本五四〇〇トン、アメリカ三万四〇〇〇トン、ブラジル一一万八〇〇〇トンである（一九八〇年までの三〇年間平均値による）。

〈1988.6.28m〉

## 【7月】

### ●夜雨日晴

水不足で水田に亀裂の生じているところもあり、恵みの雨の欲しい地方が多いようだ。「夜降って朝止む賢い雨」の記事が、静岡新聞「読者のことば欄」にあった。このような天候を中国では「天下太平夜雨日晴《やうにっせい》」といい、雨は夜降って日中は晴天が続けば、天下も太平・平和であるとのこと。この日本版には「親方日和」「嫁泣かせ日和」があるが、「いい天気」同様に「あいにくの雨」についても語句の使用については配慮が必要である。

〈1994.7.1m〉

## ●法雨と時雨

梅雨末期の今ごろは雨・雨・雨の毎日である。その雨にもいろいろあるが「法雨《ほうう》」という語句のあることをご存じだろうか。仏法があまねく教化するのを、万物を潤す雨にたとえたものである。晩秋から初冬にかけて降ったり止んだりする雨を時雨《しぐれ》というが、同じ漢字で読みを変えると意味も異なってくる。ほどよいときに降る雨を時雨《じう》といって、仁君（慈しみ深い君主）の教化を、時雨が万物を潤すことの例えにしている。

〈1993.7.3m〉

## ●雨安居

ある期間静かに座して修行をすることを、仏教では安居《あんご》という。釈迦が雨季の三カ月間、仏弟子の外出を許さず屋内で修行するようにしたのが安居の名の起こりである。七月十五日の雨安居が終わったときに、種々の施し物を供えて仏・法・僧の三宝に供養する…と教えにある。安居とは梵語でVarsikaといい、雨季のことを意味しているが、日本の第五の季節であり、雨季である梅雨が明けた東海地方は、強い日差しの照りつける真夏になった。

〈1994.7.13m〉

## ●梅雨はどこから

発達した高気圧から吹き出す風がマダガスカル島を吹き抜け、アフリカ東岸経由で赤道を越えて北半球に入ってくる。風はさらにベンガル湾からインドシナ半島に上陸するモンスーン（南西季節風）となり、チベット高原で行く手を阻まれる。高原で分流した大気によってオホーツク海高気圧が生まれ、アジアの梅雨が誕生する。このチベット高原がなくなると、日本に雨や雪を降らせていた前線や低気圧は北極海とシベリアを通り、日本は雨も雪も降らなくなる。

〈1998.7.17m〉

## ●射流洪水

一九七二年（昭和四十七）七月七日、いわゆる四七・七豪雨は、全国で死者四百四十二人に達する大災害であった。多くの死者を出したのは梅雨前線による鉄砲水や土石流が引き金になっていた。近年の都市化はヒートアイランドのほか、集中豪雨が発生しやすくなり、豪雨になると都会で鉄砲水となって被害を拡大する。英和辞典のFlash flood（フラッシュ・フラッド）は射流洪水のことで、マンホールや側溝からの雨水の吹き出しを意味している。

〈1991.7.19m〉

## ●黒から白へ

今から二百二十年も昔の江戸末期、一七七五年（安永四）に出版された「物類称呼《ぶつるいしょうこ》」という書物に「伊勢の国鳥羽、あるいは伊豆の国の船詞《ふなことば》に…五月梅雨に入りて吹く南風を黒《くろ》南風《はえ》、梅雨の半に吹く南風を荒南風《あらはえ》、梅雨晴るるころより吹く南風を白南風《しろはえ》」と記されている。伊豆地方ではこの風名は消えてしまったが、三重県鳥羽の漁業者は、物類称呼と同じ黒南風・荒南風・白南風の呼称があり、九州では今でも使っているという。

〈1991.7.22m〉

【8月】

●ウィンド・フォール

夏の風物詩の一つである風鈴は、英語で wind bell（ウィンド・ベル）という。ウィンドには風・息・無駄話など多くの意味がある。ウィンド・フォールは風で落ちた果物のことだが、「意外な授かり物」の意味もある。（ウィンド）wind に（バッグ）bag を結びつけたウィンド・バッグは、なんと「おしゃべり」のことをいう。「ハリケーンに向かって口笛を吹くな」という戒めがアメリカにあるが、中国では「風はどんな壁でも通り抜ける」と教えている。

〈1993.8.9m〉

●ガスト

建物や樹木の影響で、風は数秒から数十秒の周期で強弱を繰り返している。この現象を風の息というが、風速がごく短時間（ふつう二十秒以内）に増加することをガスト（gust）といって、ときには災害を伴うこともある。ところが今年は都会で猛烈なガスト現象が見られるという。外食産業のチェーン・レストランが、低価格旋風で街を包んでいるようだ。辞書を見るとgust には味・嗜みの意味もあり、同じガストでも歓迎されるものもあるようだ。

〈1994.8.11m〉

### ●夕立

予報の解説に使われている「ユーダチ」は、気象の事典によると「夏のにわか雨で、正午から十九時ころ、とくに十五時ころ多い」とある。本来は夕方に立つ（現れる）の意味から、夏の夕方に降るにわか雨である。西日本や静岡県の一部では「ヨーダチ」ともいうが、夜立ちは夕立よりも遅く降る雨なのだろうか。茨城や対馬でいわれる「フッカケ」は吹きかけから吹き降りのことをいい、沖縄でいう「アモーレー」は「天（雨）降り」から生まれた。

〈1995.8.12m〉

### ●ヤマセ

「飢饉は海から来る」という東北地方の伝承は、冷湿なヤマセによる冷夏を表現している。一九二七年（昭和二）八月、宮沢賢治は「和風は河谷いっぱいに吹く」の詩の中で「この八月半ばのうちに十二の赤い朝焼けと、湿度九〇の六日を数え、茎間稈弱く徒長して、穂も出し花も付けながら、ついに昨日の激しい雨に次から次と倒れてしまひ…」と不順な天候によ

る稲作の状況を嘆いている。東北には「七日ヤマセ（北東風）」は長期間続き冷害になるこ
との伝承もある。
〈1991.8.12e〉

## ●お盆の台風

月遅れのお盆が来ると思い出されるものに、三十年前［一九五九年（昭和三十四）］の台風七号がある。八月十二日にマリアナ海域で発生し、十四日午前六時半に駿河湾奥の富士川河口に上陸するまでわずか二日間である。最盛期に上陸したので、長津呂測候所（石廊崎測候所）では瞬間風速六四・〇メートルの非常に強い東風を観測し、また清水港検潮所では、午前六時三十分に海水面が平常よりも九八センチも高くなり暴風・大雨・高波・高潮被害が発生した。

〈1989.8.14m〉

## ●女の腕まくり

「七時前の雨は、十一時前に晴れ（レイン・ビフォァ・セブン、ファイン・ビフォァ・イレブン）」という英語のことわざがある。日本の「朝雨は女の腕まくり」と同じで、高気圧に覆われた日に、海陸風のぶつかり合いで発生した局地的な前線付近での雨は、海風が発達して海風前線が内陸に移る日中には天気も回復するだろうというわけである。しかし近年は女性が強くなり、「朝雨は男の腕まくり」になっているかも知れない。

〈1991.8.14m〉

●台風の燃料は水蒸気

一九四九年（昭和二十四）の八月三十一日から九月一日にかけては、静岡県内でもキティ台風による大きな被害が発生した。水の恵みと共に災害を運んでくる台風だが、そのエネルギー源は、なんと海から蒸発する水蒸気によるクリーン・エネルギーである。海水が蒸発して雲になり、吐き出す水蒸気の潜熱は水素爆弾に換算すると、およそ四百発分になるという。このクリーン燃料の残り滓《かす》が雨となったり、飲料水になったりする。

〈1991.8.31e〉

【9月】

●オス瓦とメス瓦

毎年台風に襲われる南西諸島では、台風対策、いや風に対する耐風対策が十分に行われている。民家はミーガーラグルマーという平瓦（メス瓦）と、ウーガーラグルマーという丸瓦（オス瓦）葺きの屋根は漆喰《しっくい》で固定され、さらに家の周囲を防風林で囲んでいる。静岡県内でも風の強い御前崎や牧之原台地では、屋敷林で風を防いでいる。富山県西部の砺波《となみ》平野の強風は井波風と呼ばれる南風、農家は家の周囲を屋敷林で二重三重に囲んでいる。

〈1996.9.1m〉

## ●都市風

コンクリートジャングルの都市部では、強い雨による都市型洪水の反面、気温が高くなるいわゆる「ヒートアイランド」の都会砂漠になっている。夜になってもビルのコンクリートからの放熱と冷房装置の放熱、加えて移動熱源である車の出す熱も放ってはおけないほど大きい。太陽から地面に到達する熱量は一平方メートル当たり一日に四千キロカロリーであるが、大都市では人間の出す熱量も一平方メートル当たり五百キロカロリーと大きい。高い気温で上昇気流が発生し都市風になる。

〈1988.9.3m〉

## ●雪マリモ

南極の日本の観測基地である「ドームふじ」は、標高三八〇一メートルと富士山よりも高い。七月の気温は氷点下六〇度を下回る。報道関係などで零下〇〇度という解説を見たり聞いたりするが、摂氏・華氏・絶対温度があり、零下の表現は通常使用しないので注意が必要。脱線したが、南極の地吹雪で削られた雪面の中に雪の毛玉が現れることがある。この雪毛玉を世界で最初に発見したのが吉見隊員。この雪毛玉はその後「雪マリモ」と呼ばれるようになった。

〈1998.9.8m〉

## ●白い雨

一九七一年（昭和四十六）九月十日から十一日にかけて秋雨前線の活動が活発になり、三重県尾鷲市では十日の日降水量が七四一・五ミリ、総降水量は二日間でなんと一〇九五ミリの大雨となった。ガラス玉のように大きな雨粒が地面で踊りまわった。そのうち、今まで流れていた沢の水が止まってしばらくすると、裏山から突然水が噴き出したという。白い雨が降ると蛇抜けが起こるというように、激しく降る大粒の雨は、土石流や山崩れの引き金になる。

〈1991.9.15m〉

## ●モンロー国際会議に出る

ビルの近くに来ると、突然風が強く乱れているのを経験した人も多いだろう。この風をビル風という。ハワイ大学で開催された日米国際会議で、建物に対する風の作用を説明していたアメリカのノースウェスタン大学のパルメル教授は、映画「七年目の浮気」でマリリン・モンローが、風に吹かれてスカートを押さえているシーン（実際は地下鉄の排気口からの風だが）を、スライドで示したという。そこでこのような風の働きをモンロー効果というようになった。

〈1991.9.17e〉

**●伊勢湾台風**

一九五九年（昭和三十四）九月二十六日の夕方、紀伊半島南部に上陸した台風十五号は、愛知県を中心に死者・行方不明五千九十八人の貴い犠牲の出た日本台風災害史上で最大の悲劇となり、伊勢湾台風と名付けられた。名古屋港では海面の高さが平常より三・四メートルも高くなり、水位は東京湾平均海面上三・九メートルになった。清水港や浜名湖周辺の低地帯の標高は一メートル前後のところもあり、海面が三・九メートルも高くなった場合はどうなるかを想像されたい。

〈1989.9.25e〉

**●台風の厄日**

九月二十六日は大型台風が接近上陸しやすい厄日とされている。台風銀座の九州では「たつん（巽）の風は念を入れ」と鹿児島県志布志地方で言い伝えている。台風の風は南東に回ったときが最も強いから警戒しろということである。佐賀南部では「暴風は押し鼻、沖バエがひどい」という。押し鼻とは押しが強いこと、沖バエ（沖南風）はオシアナゼ、つまり強い南東の風のことであり、オッシャナとかオシアナバエともいわれている。

〈1992.9.25e〉

**●台風番号**

気象庁では台風に番号を付け、さらに西暦年数の下二桁を付加して、何年の何号台風であるかを識別している。例えば一九五三年（昭和二十八）九月二十五日、浜名湖は高潮で潮位が平常より一三九センチも高くなった。この台風十三号は五三一三号台風、一九五四年（昭和二十九）九月二十六日の洞爺丸台風は五四一五号台風、狩野川台風は五八二二号、伊勢湾台風は五九一五号、駿河湾に外洋性の高潮が発生した台風六六二六号など一目瞭然である。

〈1990.9.26m〉

【10月】

●秋雨前線

真夏には沿海州まで北上していた前線帯が南下して、新聞天気図にもその姿を見せるようになった。ときには熱帯気団を呼び込み、これまでの少雨傾向を補償するような大雨が降ることもある。梅雨前線に対し、今ごろの停滞前線を秋霖前線と呼んでいたが、漢字制限で現在は秋雨前線という。長雨のことを青森ではジリケル、静岡県中部でナガサともいい、お隣の韓国では梅雨をチャンマ（chahgma）、秋の長雨をコール・チャンマ（kaul chahgma）と呼んでいる。

〈1992.10.2m〉

●ならい

「秋ならいは日和良し」とか「秋ならいは天気直し」ということわざが静岡県内で伝承さ

れている。天候予知に関する古文書に村上雅房が一四五六年(康正二)に著述した「船行要術」があり、天候の変化や危険などについて述べている。伊豆地方で歌われている民謡の下田節に「相模ャナライ(北東風)で石廊崎やニシ(西風)よ、間《あい》の下田がダシの風」とある。さらに局地的な現象を歌った舟歌に「爪木ナライで石廊崎やニシよ、間の下田がダシの風」がある。

〈1988.10.4m〉

## ●野分

南方海上には二つの台風があり、北上の機会をうかがっている。昔の人は台風のことを野《の》分《わき》(のわけともいう)と呼んでいた。辞書には、秋から初冬にかけて台風などに伴う強い風のことをいうとある。源氏物語には、「野分立ちて　俄かにはだ寒き夕暮れの程を」ともある。季節は仲秋の白露・秋分から季秋の寒露・霜降へと急ぐこのごろで、「秋の野の尾花が末《うれ》(先端のこと)に鳴くモズの…」と万葉集にある。

〈1991.10.7e〉

## ●雨音

騒音レベルを示す計量単位にホンがある。地下鉄が八〇ホンで街頭の騒音は七〇ホン、晩酌は二ホン(お銚子二本)なら風邪は五ホン五ホンで一〇ホンだと落語にあった。時間雨量が五〇ミリを超し、滝のように降る猛烈な雨は、しぶきで周辺が白っぽくなり、雨音が場所によっては地下鉄以上の騒音となる。雨量強度には数分、あるいは十～二十分の鋭いピークがあり、瞬間的な雨量強度は一五〇ミリのデジタル表示限界を超すこともある。

〈1992.10.23e〉

### ●雪迎え

先日は冬型の気圧配置が強まり、北日本では雪が降った。東北地方では山々が新雪で化粧するころを迎えたわけで、晩秋の空に五色に輝く糸の先のクモは、風に乗り空高く飛んで移動する。上昇気流に乗ってぐんぐん上がり、ときには高度三〇〇〇メートルに達するものもあるという。この現象を山形県地方では「雪迎え」と呼び、冬支度も急ピッチで行われるようになる。外国では、ロミオとジュリエットにも出てくる「雪迎え」をかつては「聖女の糸」とも呼んでいた。

〈1996.10.29m〉

## 【11月】

### ●しぐれとこはる

タイトルをどのように読むか。「しぐれとこはる」は「時雨常春」なのか、それとも「時雨と小春」なのか。時雨は晩秋から初冬にかけて、主に日本海側に降るにわか雨で、一日に何回も降り、雲が通り過ぎると晴れてしまう。常春は一年中春のような気候をいうから、時雨とは合致しない。旧暦十月は時雨月や小春月の異称もあり、移動性高気圧に覆われると小春日和になるが、低気圧の通過後、寒気が入ってくると時雨れることもある。〈1996.11.3m〉

## ●竜巻バルカン砲

この間、掛川で雷や竜巻があり、家屋や自動車などが破損した。一九六七年（昭和四十二）四月二十七日、アメリカのイリノイ州北部、ベルビディア市で発生した竜巻は、駐車していた多くの車のヘッドライトだけを破損するという奇妙な現象を伴った。その原因を調べたところ、駐車場付近に山積みになっていた大豆くらいの大きさの小石が、竜巻によってバルカン砲のように、秒速三七〜三八メートルで打ち出され、車のライトめがけて当たったものだった。〈1992.11.4e〉

## ●風定め

北陸の福井には「風定め」という天気のことわざがある。旧暦十月十日・二十日を風定めの日といい、「十日に西風が吹けばその年は西風、東風なら東風が吹く」というもの。また、「二十日の午前十時までに西風が吹くと雪が多く、南風の場合には暖かく、北風だと寒くなる」などが風定めの伝承である。このほか南風については、「冬の南風回り道をするな」は、南風の後は冬型の気圧配置となり、積雪地帯は大雪になるから早く家に帰った方がいいとい

う。〈1992.11.12m〉

**●北東風**

高気圧が北に偏って張り出し、愛知県では北西の風が強く晴天になっていても、静岡県内は湿った北東風で気温が下がり曇雨天になることが多い。冷たい北東気流と暖かい気団との間に局地的な前線が発生し、その位置も移動することから、静岡県の天候は地域で大きく変わる。古代ギリシャや中国のことわざにも、「北東風は雨の兆し」とあり、アテネの風の塔には北東風の神「カイキアス」が彫られているという。〈1989.11.17e〉

**●アナゼの夕どうれ**

冬の季節風の本流は高度三〇〇〇メートル以上の上空を吹いている。日中は日射による対流が盛んで、上空の強い風は下降して地上付近の風を強くし、入れ替わった地上の穏やかな空気が上昇して、上空の風を弱める運動を繰り返す。夜になって上昇気流がなくなると、地上と上空の空気の混合はなくなり、強い風は上層だけで、地上の風は収まる。佐賀県での「アナゼの夕どうれ」とは、「（アナゼ）北よりの冷たい強風も（夕どうれ）夕方には収まる」という意味である。〈1989.11.20e〉

●風が吹くと魚が捕れる

時化《しけ》の前後は高波のため魚の群衆性が強められたり、海況が変動したりして大漁になることが多い。風が吹くと桶屋が儲かると言うが、風が吹くと魚が捕れるという三段論法も成立する。遠州灘に沿って吹く西風は離岸流を発達させ、湧昇流を盛んにして豊富な栄養塩を下層から補給し、プランクトンが増殖して魚が集まるという。遠州灘のフグの大漁も黒潮の接岸や季節風など多くの要因によるものであろう。

〈1989.11.25e〉

●工場雪

木染め月、霜月もあとわずか、やがて極月《ごくげつ》、師走を迎えようとしている。日ごと短くなる日脚に対して、寒さの方は強まるばかり。各地から六花の便りが相次ぐが、中谷宇吉郎博士は、ひらひらと舞い降りる雪の結晶を、空からの手紙といった。ところが雲もないのに雪が降る不思議な現象に気が付いた気象台の職員がいた。風花でもないこの雪を降らせたのは、工場の煙と判明した。工場の煙突から立ち上る暖かで湿った空気が雪になったのだ。

〈1992.11.28e〉

●砂ぼこり

十一月になってシベリアからの寒気が日本付近に南下し、ときおり冬型の気圧配置が強まっている。冬型の天気というと、日本海側は雨か雪、太平洋側は西風や北風の強い乾燥した晴天になる。風速が毎秒一〇メートルくらいになると、空気中には直径が一〇ミクロンから二〇ミクロン（一ミクロンは一ミリの千分の一）の砂ぼこりが、なんと二百万個くらいも舞い上がるから大変だ。十一月の県内は月平均湿度が六五％くらいである。〈1989.11.30m〉

【12月】

●バラクラバ暴風

一八五四年の十一月(日本では安政元年、ペリー提督再来日・安政の大地震)、インディアン・サマー（小春日和）の続いていた黒海のクリミア半島は、十三日の夕方から暴風雨になった。クリミア戦争でバラクラバ港に停泊していたフランスの新鋭戦艦アンリ四世号をはじめ、多くの艦船が難破した。この暴風雨は後日の調査で、スペイン付近から東進してきた低気圧によるものと判明した。この暴風雨を契機にフランスは世界で初めて気象の定常的な解析に着手した。〈1992.12.3m〉

●擬音語・擬態語

「小雨が忍びやかに、私語するようにハラハラハラと降って通った（二葉亭四迷）」。小雨はハラハラ・シトシト・ポツポツであるが、雪や霰《あられ》はコンコンなどと、状態を表す言葉が擬音語・

擬態語である。「しとしとぴっちゃん　しとぴっちゃん　しとぴっちゃん」ちゃんの押す車に乗せられた大五郎が、さすらいの旅を続けるのがおなじみの「子連れ狼」である。シトシトというと、春雨・秋雨・こぬか雨などの呼び名があり、降雨強度では（1）のクラスに当たる。

〈1998.12.5m〉

## ●竜巻

東海道は竜巻銀座といわれるくらいその発生が多く、先日も浜松で大きな被害を生じたばかりである。一九六五年四月十一日、アメリカのミシガン州ラムベルトヴィユでトルネード（竜巻）が発生したとき、火柱の写真撮影に成功している。日本では続本朝通鑑《しょくほんちょうつがん》に、「治承四年四月二十九日（一一八〇年五月二十五日）、大風抜木発屋　有黄気加露鵜其上黒雲如蓋…」とある。大風は木を抜き家を動かし、黄色の光柱があり、その上には黒雲が覆っていると。

〈1991.12.5e〉

## ●氷肌玉骨

白銀の世界という表現があるが、平安時代には氷は白さの象徴であり、寒風に耐えて咲く清らかな白梅は、氷魂とも氷姿・氷肌・氷肌玉骨《ひょうきぎょくこつ》などといわれた。いずれも寒中に白い花を開いたウメの花を形容した言葉である。わが家の白梅の残り葉は、先日の強い風雨に痛めつけられ、ヒイラギや白菊の花も傷ついてしまった。小倉百人一首に「こころあてに　をらばやをらむ　はつしもの　おきまどはせる　しらぎくのはな」と凡河内躬恒《おおしこうちのみつね》が白菊を詠んでいる。

〈1992.12.9e〉

## ●蜀犬日に吠ゆ

チベット高原の東隣となる中国の四川省や雲南省では、今ごろ昆明《クンミン》前線（こんめいぜんせん）による冬の長雨の季節となる。山々の連なるこの地方では連日雲や霧に覆われることから、「蜀犬《しょくけん》日に吠ゆ」といって、韓愈により有名なことわざが生まれた。蜀（四川）では、曇りや霧の日が多いため、たまに出る太陽を怪しんで犬が吠えることから、転じて識見の狭い人が、他の人の非凡な行いに対して疑いを差し挟むことをいう。

〈1992.12.13m〉

# 6　動植物



## 【2月】

### ●空中浮遊生物

「くしゃみ・鼻水・鼻づまり・涙・目のかゆみ」と揃えばスギ花粉症。日本でのスギ花粉症は一九六三年(昭和三十八)に、斉藤洋三医師が栃木県日光地方で発見したのが最初である。スギ花粉は早朝から夕方まで飛散するという空中浮遊生物、空中プランクトンである。空気に含まれる固体や液体の微粒子をエーロゾル（aerosols）といい、大きなものは吸入のときに鼻や喉にかかる。尾鷲測候所に勤務していたとき、花粉シーズンになると杉林から黄色の煙が上がった。

〈1999.2.16m〉

### ●鶴の北帰行

多くの鶴の渡来で知られる鹿児島県出水《いずみ》市では、今年の越冬数は九千九百四十三羽という。出水の鶴の北帰行平年日は二月十四日であり、変動は一週間以内だという。今年も北帰行が始まったが、渡り鳥は季節の風を捕らえて移動し、多くの場合、進行方向に対して一定の角度で吹いてくる追い風を利用している。真後ろからの追い風では失速してしまうのを経験から知っているのだろうか。出水の鶴は朝鮮半島を通ってシベリアまでの旅をする。

〈1993.2.20e〉

## ●花粉はどこから

空中に浮かぶ花粉の中のアカマツやスギなどは、大きさが二〇ミクロン（一ミクロンは一ミリの千分の一）前後であり、花が咲くと一本の木に数億個の花粉を付ける。花粉は風に運ばれ数キロ、ときには数百キロの遠距離飛行をする。マツやシラカバの花粉を陸地から一五〇〇キロも離れた海上で採集したり、あるいは紀伊半島の上空およそ三〇〇〇メートルで空気を採集したところ、日本には存在しない中国大陸南部のスギ花粉が捕捉されたこともあるという。

〈1990.2.21m〉

## ●花粉の飛行距離

飛散する花粉の種類は季節により異なるが、風に乗る恋ともいえる花粉は、春がシーズンなのであろうか。ある調査によると、地面一平方メートル当たり一億粒の花粉が生産され、空中プランクトンになるという。花粉は毎秒二～三メートル、時速換算一〇キロの弱い風でも遠方に運ばれていく。ある調査ではカラマツの花粉が七〇〇キロ、エゾマツの花粉は一〇〇〇キロ、オーストラリアのマツの花粉は、なんと一八〇〇〇キロも離れたニュージーランドで発見されたこともある。

〈1993.2.27m〉

【3月】

●予報花

二月最後の昨日、東海地方でも春一番が吹いた。きょうから弥生三月、白いコブシの蕾《つぼみ》も早い春の訪れに驚いているようである。予報花といわれるコブシの花が、空を見上げれば日照り、地面を見下ろしていると雨の多い年、またコブシの花の少ない年は凶作などといわれている。白いコブシの蕾は必ず北を向くので、磁石花の名もある。コブシにはイソザクラ（岩手）、イトザクラ（青森・岩手）、イトマキザクラ（岩手）、タウエザクラ（秋田）ほか多くの方言名がある。

〈1989.3.1m〉

●スギ花粉症

「くしゃみ」や「鼻水」などに多くの人が悩まされるスギ花粉症は、直径が二〇～四〇ミクロン（一ミクロンは一ミリの千分の一）の空中浮遊生物スギ花粉が一要因とされている。

水も温み始める沿岸の海には、スギ花粉の形によく似た球状の生物が夜の海に光を放つようになる。この生物は、ときには大増殖して昼の湾内や港内に赤潮現象を見せる海のプランクトンで、夜光虫（学名はノクチルカ・シンチランスという）である。

〈1991.3.23e〉

## ●年々歳々

「年々歳々花相似たり、歳々年々人同じからず」の劉廷芝の詩は、「毎年同じ季節に見られる花の美しさと異なり、人は年々歳々年を取り花のように美しさは保てない」という意味である。私たちの住んでいる地球を取り巻く大気も、「歳々年々同じからず」である。昨年（平成二年）の今ごろは、サクラ前線が日本列島を猛スピードで北上中であった。今年は二十日に宮崎・延岡に上陸後は足踏みをしていたが、二十三日に鹿児島・高知で開花し春本番へスタート。

〈1991.3.25m〉

## ●さくらの日

桓武天皇（七九二）から淳和天皇（八三三）に至る史実を記録した編年体の史書である「日本後紀」の弘仁三年（八一二）二月十二日の欄に、「花宴の節はここに始まる」とある。この日付を新暦に換算すると三月二十七日に当たることから、財団法人日本さくらの会は、この日（三月二十七日）を「さくらの日」と定めた。さくらの花を通して、緑の豊かな国土づくりを進めていこうというわけで、サクラ咲く、つまり三《サ》×九《ク》＝二七も関係しているとか。

〈1992.3.25e〉

## ●花信風

「人春を知らずとも、草春を知る」という中国のことわざは、二千年以上も昔から伝えられたものだという。北京の自然暦では、三月二十二日にはニレ、また二十七日はノモモ、三月二十九日にはテリハドロが開花する平年日とされている。また、中国南部には宋の時代から作られたという「二十四番花信風」という花暦があり、春分の三候は木蘭（モクレン）の花を呼ぶ風が吹くころだというが、日本ではサクラの花を呼ぶ風のころになる。

〈1994.3.26m〉

## ●チューリップ

チューリップはターバンのトルコ語、チュルベントからその呼び名になったといわれている。チューリップは十六世紀にトルコからヨーロッパに伝わり、十七世紀ころオランダを中心にヨーロッパ全体に広がった。貴族たちが球根を投機の対象にしたため、ヨーロッパ経済は混乱し、チューリップ狂時代ともいわれたことがある。チューリップの花は、花弁が温度計のように敏感で、気温が二〇度くらいのときによく開き、一〇度くらいまで下がると閉じ始める。

〈1989.3.29e〉

## ●百花の誕生日

各地からサクラの便りが届くが、中国では旧暦二月十五日（今年は四月二日に当たる）を花朝節、百花の誕生日としている。花鳥とは花と鳥、旧暦二月の異称であり、天地自然の美しい景色のことを花鳥風月という。春風に花が揺れ動くが、日本の春は社会情勢までが揺れ動くようだ。「春マゼ（南風）に七里走って苫《とま》（菅《すげ》や茅《ちがや》などで編んだ菰《こも》）を負え」のことわざは、低気圧の前面は南風で雨になることをいっている。また、「未申（南西風）のザアザア降り」もある。

〈1996.3.31m〉

# 【4月】

## ●桜花の落下速度

四月に入っての暖かさにサクラ前線も北陸・東北を北上中、これらの地方ではモンシロチョウの現れる季節でもある。「世の中は三日見ぬ間に桜かな」（蓼太）とか、花七日などといわれるが、今年の静岡県内各地のサクラは、開花から十日間前後過ぎての満開である。穏やかな春の日に、はらはらと散る花びらの落下速度は、雪と同じくらいで毎秒五〇センチから一五〇センチであるが、ときには強い風に舞う花吹雪となることがある。

〈1992.4.4m〉

●黄色のもや

揺れた松の木から「黄色のもや」が流れ出し、枝を揺するとパーッと周囲を染める。上を向いた枝先に、うす茶色をした雄花が盛んに花粉を飛ばしている。季節はスギ花粉からマツ花粉にバトンタッチしたようだ。一九七二年（昭和四十七）七月一日から二日にかけ、北海道留萌地区に黄色の雨が降った。道立衛生研究所で検鏡の結果、エゾマツの花粉であるが道内のマツの花粉ではなく、はるか沿海州から飛散してきたものと推測されている。

〈1989.4.7m〉

●サクラ情報

サクラを一分咲き、二分咲きなど細かく表現するが、実際の状況と比べどうだろう。五分咲きといっても一分咲きだったり、八分咲きでは蕾の四割が開花しただけで、満開でも実際はまだ六分咲きだという調査がある。サクラの観測は目視であるから、綿密に行うよう生物季節観測指針にある。イギリスの生態学者ワーナーは、生物季節現象は生物・動物に影響を及ぼすあらゆる環境要素の総合と考え、物理機械では達しえないほどの精密度で現されるという。

〈1994.4.10m〉

## ●ヒーサマスズメ

ツバメが飛び交い、北国でもヒバリのさえずりが聞かれる季節になった。ツバメを三重県中部では「トバ」、山陰では「ヒョーゴ」とか「ヒューゴ」、沖縄では「マタガラス」「マッターラ」とも呼ばれた。一方ヒバリは、茨城で「ウドリ」、北陸で「ヒーサマスズメ」、岡山で「チンチロ」とか「インチロ」、奄美大島で「チンチンチドリ」、沖縄で「ガヤブレ」「チンチナー」の呼び名もあるというのだが、都会やその近郊では、近年その姿を見かけるのが次第に少なくなった。

〈1995.4.14m〉

## ●アンズの花盛り

静岡市内のソメイヨシノは葉桜に変身中だが、ヤエザクラはその艶姿を誇っている。大阪造幣局では色とりどりのヤエザクラの通り抜けを楽しむ人が昨年の二倍とか。一方、お隣の長野県では、今はアンズの花盛り、美しい花明かりが夜を彩っているとの知らせもあった。中国大陸北京の自然暦に、アンズは平年四月八日の開花、ライラックは四月十五日に開花と物候学上の統計がある。中国の物候とは生物のほか水文をはじめさまざまな現象を観測対象にしている。

〈1992.4.16m〉

## ●ウグイス

「法、法華経」と鳴くことから、経読み鳥ともいわれるウグイスには多くの呼び名がある。黄鶯《こうおう》・春鳥・春告げ鳥・花見鳥・歌詠み鳥・匂い鳥・人来鳥《ひとくどり》・百千鳥《ももちどり》など数多く、英語ではジャパニーズ・ナイチンゲールという。二十四気・七十二候では、寛政暦や略本暦（明治）の立春第二候に、黄鶯見睆《けんかん》すとあり、ウグイスがよい声を聞かせ始めるころだという。長野県ではウグイスのさえずりが左耳から聞こえると晴天とか、ウグイスの早く鳴く年は豊年の言い伝え。

〈1996.4.21m〉

## 【5月】

## ●五月の花

「三月の風と四月の雨のおかげで美しい五月の花が咲く」ということわざがイギリスにある。イギリスの五月は日本の秋のように爽快なことから、フレッシュ・アズ・メイの言葉がある。「五月のようにさわやか」といわれる季節。五月の花は英語でメイフラワーとなるが、メイフラワーは今ごろ美しい花を咲かせる西洋サンザシのことである。小寒から始まる花暦、風暦の二四番花信風も、立夏を前にしての最後の三候、センダンの花の候に入った。

〈1992.5.1m〉

## ●風の花

ケシの花にも似た美しく明るい色とりどりのアネモネが咲いている。春風に誘われて花を付けるともいわれるアネモネを、英語ではウィンド・フラワー（風の花）といい、イギリスでは「ゼフィールの花」とも呼ばれている。ギリシャ語でアネモは「風」の意味がある。気象の事典のページをめくると、風速計の英訳はアネモメーター、風向計をアネモスコープと記している。南欧の香りもするアネモネの花言葉は「恋の苦しみ」「期待」とか。〈1991.5.9m〉

## ●ナイチンゲール

若葉の五月は赤十字運動月間、赤十字といえば看護婦さん、さらにクリミア戦争でのナイチンゲールへと飛躍してしまう。英和辞典のNight in gale の項に、ツグミによく似た小鳥で、夕方から夜にかけ美しい声で鳴く「夜鳴きウグイス」とあり、ヨーロッパの春告げ鳥である。日本の歌詠み鳥ウグイスは、ジャパニーズ・ナイチンゲールと解説している。これから病院の看護婦さんをウグイスさんと呼んだらどうか。〈1991.5.18e〉

## ●音楽栽培

人工の雷による電気ショックで、シイタケの生育や収穫量を三倍に増やした栽培農家もいるが、シメジの増産にクラシック音楽が有効であることを五月十四日付の静岡新聞が紹介している。それによると、コントラバスのスローテンポがとくに有効とか。植物栽培に音楽の利用が有効であることはすでに知られている。人工雷ならぬベートーベンの田園シンフォニーの第四楽章「嵐」を流し、さらに第五楽章の感謝の気持ちへとつないだらどうだろうか。

〈1990.5.25m〉

### ●ホタル

各地からホタルの便りが聞かれる季節になった。ホタルの環境づくりに対しての地域住民の努力が実り、年ごとにホタルに関する行事が多くなった。ニューギニアやフィリピンでは、数百万、数千万のホタルが一斉に点滅する光景が見られるという。コンピューター操作の発光ダイオードやレーザー光線のようなホタルの周期発光は、発光細胞の光刺激によるものといわれている。ゲンジボタルの発光周期は、西日本で二秒に一回、東日本は四秒に一回である。

〈1990.5.29e〉

## 【6月】

### ●猫の天気予報

「猫が顔を洗うと雨」、ところが「猫が顔を洗えば天気」ともいう。晴・曇り・雨など天気の種類は多いのだが、この場合の天気とは晴天のことをいっているのだろう。猫に関しての天気のことわざは非常に多く、知る限りでは八十を超えている。富山では「猫が顔を洗えば好天気、目から洗えば天気二～三日続き、鼻のあたりから洗えば雨」また「猫の爪とぎは風の兆し」と詳しいのもある。イギリスでは冷たい北西風の天候をキャッツ・ノーズ（猫の鼻）といっている。

〈1991.6.1e〉

## ●紅一点

バンリョクソウチュウコウイッテン？　多くの男性の中の一人の女性を紅一点というが、バンリョクソウチュウというのは、中国宋の詩人王安石が詠んだ石榴《ざくろ》の詩の一節「万緑叢中紅一点」。ザクロの花はしとしと降る梅雨のころ、周りの緑の中に赤く美しく咲く花で仲夏の季節が見ごろである。仏教の話に出てくる訶梨帝母《かりていも》は、人の子供を食べていたが、釈尊がザクロの実を代わりに食べよと諭し、それを誓ったことから子育ての神・鬼子母神《きしもじん》となった。

〈1998.6.8m〉

## ●トンビース

ツバメ魚と呼ばれるトビウオは、そのほかカクトビとかトンビースなどの呼び名もある。春トビの干物の味は抜群であり、飛翔する姿は夏の風物詩である。グライダーのように大きな胸びれを開き、海面を飛翔する姿は見事である。編隊で飛ぶときには高度一〇メートル、飛行距離四〇〇メートル、時速七〇キロに達することもある。荒天の早朝、甲板に飛び込んだトビウオを捕獲し、蛋白源としたのは、冷蔵設備も不十分だった初期の定点気象観測船での乗組員の日課だった。

〈1988.6.9e〉

●アジサイ

「リトマス試験紙は何で作るの」と聞かれ「それはアジサイに決まってるじゃーないの」と頓知で答えた人がいたとか。アジサイの方言名には、新潟でシチメンチョー、佐賀ではヒチメンチョー、千葉でオバケバナ、新潟・佐渡・富山でバケバナ、そのほかナナバケ（七化け）とか、ヒチヘンゲ（七変化）、あるいはユーレーグサ（幽霊草）とかユレバナなどがある。装飾花の色が青から白みがかったあと、紫碧色から紅を帯び、青黄から茶褐色とまさに七変化する。

〈1998.6.25m〉

【7月】

●雨の花

青江三奈と山口蘭子によるナツメロ「雨に咲く花」の返り咲きが、静岡新聞で紹介されていた。昭和十年の関種子以来、多くの歌手によりヒットヒットの連続とか。雨に咲き、雨に煙る花の一つのホタルブクロは、この花を摘むと雨が降るといわれ、「雨降り花」の別名もある。ギボウシャやヒルガオ・シロツメグサもその仲間である。今朝、通勤途上にクマゼミの鳴き声がシャンシャンからセンセンとシンクロナイズしていた。

〈1991.7.11e〉

## ●アサガオ

街を歩くとよく手入れをしたアサガオを見かける。アサガオは朝咲いて美しいからアサガオと名付けられたのではなく、「朝の容花《かおばな》」は美しい姿のという意味である。アサガオの花は朝日が昇るとしおれてくるというが、開花時刻は何時であろうか。ある種では、七月は午前五時ころ、八月は午前四時で、毎月一時間くらい早くなり、十月には午前二時には開花しているというレポートがある。これも季節の移ろいに伴い、日没時刻の変化によるものだという。

〈1989.7.18e〉

## ●鶏舎の温度

梅雨明け後の猛暑に閉口しているのはわれわれ人間だけではないようだ。熱射病でニワトリが倒れているとの報道があったが、暑さで飼料摂取が激減しているためである。ニワトリの体感温度は、風速の開平値を三倍し、環境温度から減じたものに相当するという。つまり室温三〇度の鶏舎内でも、毎秒二メートルの風があれば二五・八度に感じるわけで、自然界にはやはり適度な風が必要なわけである。鶏舎内に風の道を作れば、ニワトリも快適になるのでは。

〈1990.7.25m〉

## ●デグリー・デー

農作物の生育には天候の経過が重要で、日平均気温が一〇度以上になると作物は生長を始め、温度が高いほど生育が早い。日平均気温が一〇度以上の期間について積算した値を有効積算温度という。積算温度がある値以上でないと収穫できない。これを度日またはデグリー・デーといって、ムギの生育は一〇〇〇〜二〇〇〇度日、イネは二五〇〇〜四〇〇〇度日必要である。今年は七月中旬までに静岡の有効積算温度は二三七六度日、昨年同期に比べ半旬遅れ。

〈1988.7.27m〉

## ●セミと梅雨明け

「セミが鳴くと梅雨が明ける」ということわざは全国で知られているが、このセミはニイニイゼミとのことである。福岡県南部では「ニイニイゼミの初鳴日から三週間後には梅雨が明ける」という。ニイニイゼミが鳴き始めるには、それより二カ月前の気温とに逆相関があるそうだ。北九州では梅雨末期の一時的な晴れ間に、必ずといっていいほどニイニイゼミの初鳴がある。梅雨明けと同じような条件の日が、セミの発生を促すのだろう。

〈1998.7.27m〉

## ●アサガオの開花はいつ

夏の風物詩の一つにアサガオがある。「朝の美女」の意味があるアサガオは、フランスでは「真昼の美女」と呼ばれている。七月中旬ころは午前五時ころの開花だが、八月中旬には午前三時過ぎ、九月中旬から十月にかけては草木も眠るといわれる丑三《うしみ》つ時の午前二時ころに開花し、アサガオならぬ夜顔に変身してしまう種類もある。アサガオはその生体時計によって、日没後ほぼ十時間後に開花するので、日没の早い秋になると、夜半過ぎの開花となってしまう。

〈1996.7.30m〉

## ●太陽について回る花

「インディアンの太陽の花」「ペルーの黄金の花」といわれるヒマワリは、英名がサンフラワー、フランスではトウルヌソル、イタリアやロシアで「太陽について回る花」と呼ばれている。まだ蕾の若いヒマワリは、太陽を追って首振り運動をするが、茎の先端に一つだけ花を付けるヒマワリは東を向いて咲く。太陽を追っていた若いヒマワリは、夕方は西を向いているが、夜になると立ち上がり、翌日の朝はすでに東を向いて太陽を迎える。

〈1995.7.31m〉

【8月】

●サンフラワー

迎陽花・望日蓮・日輪草・日回・向日葵などいずれもヒマワリのことである。太陽について回る花、太陽花として「インディアンの太陽の花」と呼ばれるヒマワリは、ペルーでは「ペルーの黄金の花」太陽神の象徴としてあがめられている。インカの神殿には、ヒマワリを表現した純金の冠や装身具を身につけた太陽神に仕える聖女の彫刻があるという。サンフラワーの英名のあるヒマワリは、やはり夏の花である。インディアンは花びらから染料を抽出している。

〈1992.8.16m〉

●奇数ゼミ

今年はセミが多いといわれるが、発生数は環境と気象の両条件が要因になっているようだ。岡山県倉敷市において十七年間にわたりニイニイゼミの発生数を調べたところ、セミの羽化する七月中旬から八月中旬にかけての降水量と、卵のふ化する九月下旬から十月初旬の降水量に左右され、降水量が多ければ発生数が少ないという負の相関がある。北米の十七年ゼミは、十六年十カ月の地中生活後、今年はシカゴなどで大発生し、来年はペンシルバニアなどという。

〈1990.8.21m〉

●アオマツムシ

朝晩は秋の虫の音が聞かれるころ、静かな音色は気分を和ませてくれるが、アオマツムシのリーリリ、フィリーという甲高い大合唱は騒音である。中国原産といわれ、明治時代に東京の日比谷公園などに帰化したために、学名もヒビノニスという名になっている。アスファルトで地面が固められ、コオロギなどの生活域が狭められているが、サクラやプラタナスなど高い木を好むアオマツムシは今後もさらに増え続けるのではないか。

〈1990.8.25e〉

●恋のささやき

朝から鳴き出すセミの声は厳しい残暑の予言だが、照りつけていた太陽が沈むと心地よい涼風が流れてくる季節になった。コロ・コロ・ジーというコオロギの音とともに、耳鳴りかなと思うような高音で、ジーという音がする。正体はムシなのに敬称を付けて呼ばれているオケラである。オケラの恋のささやきの振動数は八〇〇〇ヘルツで、聞いていると寝苦しくなってしまう。「オケラが鳴くと明日天気(長野県上田)」「オケラが灯りを取りに来ると長雨(茨城)」がある。

〈1996.8.27m〉

【9月】

## ●セミの活動と明るさ

夏ゼミから秋ゼミへと季節も変化しているようだ。これはゼミナールの変化ではなく、季節の移ろいでセミの世界も夏から秋への変化。アブラゼミは日中の一時期、声量を絞っているが、法師ゼミは午前十時半ころと夕方に発音活動が盛んになる。夕方のピークを過ぎて、泣き止むころの明るさを測定すると八～三八ルックスといわれている。トラック諸島の水曜島のミドリチッチゼミは、午後五時五十八分±二分で鳴きだし、午後六時二十五分ころ鳴き止むセミ時計。

〈1990.9.6e〉

## ●あきつ

静岡地方気象台でアキアカネの飛来を観測した。平たくいえば、赤トンボをこの秋初めて見たということ。トンボは古代にはアキヅ（秋津）と呼んでいたが、平安以後はアキツといわれるようになった。安永年間（一七七二～八〇）の百科事典ともいえる「物類称呼」には、「アキツとは秋に出てその衆多ければなり、秋津といふ」とある。トンボの方言は非常に多く、赤トンボでもキントキトンボ・トンガラシトンボ・コショートンボ・オシャカトンボ…と続く。

〈1993.9.15m〉

## ●猫と犬

「ここんとこー、猫と犬がよく来るようだけど、参っちゃうなー」といったら何のことだろうか？　北欧の伝説に「猫は大雨を招き、犬は大風を呼ぶ」というのがある。犬猿の仲というが猫と犬も仲が悪い。その仇同士の犬と猫が一緒になって降ることを、イット・レインズ・キャッツ・アンド・ドッグズといって、土砂降りの雨のことをいう。英語のキャット（cat）は猫の意味のほかに「意地悪女」のことをいい、ドッグ・イン・ザ・メインジャとは「意地悪な人」をいう。

〈1998.9.28m〉

【10月】

## ●不時開花

気象台構内のキンモクセイが二度咲きし、甘い香りが漂っている。これまでの統計では平成六年と七年にも二度咲きだった。この秋は各地でソメイヨシノやツツジ・ウメなどが花を付けている。生物季節現象が平年の起日より著しくかけ離れている場合を不時現象といい、その種類により、不時開花、不時発芽などという。これは生物が異常なのではなく、特殊な地形や病害虫、さらに天候の状況によるもので、生物は今年の気象を敏感に反映した素晴らしい測器である。

〈1998.10.21m〉

●ムカゴ

山々は次第に黄色や紅に染まり、一日ごとに秋の気配が濃くなって、朝晩は冷気も感じるようになった。木々に絡んだヤマイモの茎にムカゴのできる季節になった。零余子と書いてムカゴというが、「コイモ」すなわち「ヌカゴ」といっていたのが転訛して「ムカゴ」となった。零余は「はした＝端」「半端＝はんぱ」であり、零余子は、ヤマノイモの「半端物」「落ちこぼれ」という意味である。しかし、煎ったり茹でたりしたムカゴは、秋の味覚を楽しませ、晩酌に最適の肴だ。

〈1989.10.24e〉

●サクラエビ

サクラエビは駿河湾を中心に生息しているという甲殻類の一種であるが、駿河湾にだけ大量繁殖すると見られている。十月二十七日の夜からサクラエビの秋漁が始まり、二隻一組の夫婦船による「アグリ網漁」が見られるようになる。サクラエビの天日干しで富士川河川敷は紅に染まるが、海から上がった紅と山里に降りてくる紅葉は、富士山と青空をバックにした見事なもので、ほかの地方では見ることのできない景観である。

〈1988.10.26m〉

【11月】

●回転するタネ

ときおり吹くやや強い風に、プロペラのような形をしたカエデのタネが、くるくる回って落ちてくる。マツのタネは一枚の翼を付け、ヘリコプターのプロペラのように落下する。アカマツのタネは毎秒一・三メートルとゆっくり落ちるが、翼を外すと秒速五・四メートルと速くなる。翼の付いたアカマツのタネを風速五メートルのとき十五メートルの高さから落とすと、およそ五十六メートルも離れたところまで運ばれ、ヨーロッパのアカマツのタネが風速二〜三メートルで七キロも飛行したという記録もある。

〈1989.11.8m〉

●白っ子

晩秋の穏やかな日に、白い綿を付けて空中を飛ぶように見える虫を、北日本では雪虫と呼んでいる。雪の舞うように見えるこの虫は、本州では綿虫・大綿・雪ばんばなどとも言われているが、信州では雪降りババァが飛ぶと、雪が降るといっている。静岡県内では、風花と見まがうような虫を白《しろ》っ子《こ》と名付けている。白蝋《はくろう》を線状に分泌したワタアブラムシの仲間であり、晩秋から初冬にかけての夕暮れ時に飛ぶ風情には、何か哀愁をも感じさせられる。

〈1992.11.22m〉

**天野　充**（あまの・みつる）
1927年(昭和2)清水市（現静岡市清水区）生まれ。48年（昭和23)、中央気象台付属気象技術官養成所本科（現気象大学校）卒業、中央気象台（現気象庁）海洋課に勤務。その後、静岡地方気象台技術科予報官、名古屋地方気象台予報課・観測課港湾気象官、尾鷲測候所長、東京管区気象台技術部調査課長、岐阜地方気象台長など歴任。88年（昭和63）3月気象庁を定年退官し、日本気象協会静岡支部（現静岡支店）に同年4月から99年（平成11）3月まで勤務した。

# しずおか 天気の不思議

静岡新書　013

2007年7月3日　初版発行

著　者／天野　充
発行者／松井　純
発行所／静岡新聞社
〒422-8033　静岡市駿河区登呂3-1-1
電話　054-284-1666

印刷・製本　石垣印刷
・定価はカバーに表示してあります
・落丁本、乱丁本はお取替えいたします

ISBN 978-4-7838-0336-2 C1244